LE DÉTOURNEMENT DU MH370 TOME 2

Jean-Marc Garot

LE DÉTOURNEMENT DU MH370
TOME 2

Pourquoi ocean infinity n'a pas trouvé l'épave

ISBN numérique : 9791040591559
EAN papier : 9791040591566

Librinova

Courriel : contact@librinova.com
Internet : www.librinova.com

Ce livre est dédié aux familles et amis des passagers
et du personnel navigant commercial du Vol MH370.
Ce livre est, aussi, dédié aux familles et amis
de Zaharie Ahmad Shah, le respecté commandant de bord,
et de Fariq Abdul Hamid, le jeune copilote,
embringués dans une histoire qui les a dépassés.
Dans le rapport d'enquête, ils ne sont jamais cités
par leurs noms.
Jean-Marc Garot

Cette dédicace n'est pas une figure de style, mais une façon de préciser l'objet de ce livre.

Préambule

Si vous pensez que c'est un accident ou que les messages enregistrés par Inmarsat ont été manipulés et/ou que les débris trouvés dans l'ouest de l'Océan Indien n'appartiennent pas au MH370, inutile d'aller plus loin dans votre lecture.

Ces fameuses données collectées par la société internationale, Inmarsat, toutes les heures, pendant six heures, après la trajectoire au nord-est de l'ile de Sumatra ne permettent pas, à elles seules, de calculer une trajectoire précise et, donc, la position finale de l'avion.

Il y a des milliers de trajectoires compatibles avec ces données collectées par Inmarsat.

Pour déterminer une trajectoire, il faut tenir compte des performances de l'avion et, surtout, faire des hypothèses sur les intentions de la personne ou des personnes qui ont détourné l'avion, de leur propre initiative ou sous la contrainte.

Ensuite, il faut vérifier que cette trajectoire est compatible en chacun des points de la trajectoire, correspondant au moment de l'émission d'un message Inmarsat toutes les six heures.

Les intentions de la personne ou des personnes qui ont détourné l'avion sont importantes pour calculer la position finale de l'avion et, donc, pour définir dans quelle zone rechercher l'épave de l'avion. Le choix d'Inmarsat, ainsi que de la plupart des amateurs compétents, qui ont travaillé sur le sujet, est un suicide programmé pour aller faire plonger l'avion, au milieu de nulle part, après huit heures de vol.

C'est, implicitement, le choix fait pour les différentes campagnes de recherche menées depuis une décennie, dont celles de la société américaine Ocean Infinity.

Mais

1. Aucun des quelques cas de suicide de pilotes ne s'est passé de cette façon.
2. Il peut y avoir une infinité de raisons de se suicider et de façon de le faire, mais ce scénario parait peu vraisemblable.
3. Aucun élément connu de la vie privée et professionnelle de Zaharie Ahmad Shah, le respecté commandant de bord, n'explique un tel suicide.

Pour essayer de trouver une motivation de ce détournement, je me suis plongé dans la vie politique de la Malaisie.

J'ai découvert une coïncidence troublante :

1. Le 7 mars 2014, la Cour d'appel de la Malaisie, à la demande du gouvernement, a annulé l'acquittement d'Anwar Ibrahim, l'a déclaré coupable et l'a condamné à cinq ans d'emprisonnement
2. Le 8 mars 2014, le vol MH370 a disparu.

Je donnerai, plus tard, des éléments à l'appui de ma thèse du lien entre les deux évènements.

Des deux évènements, le premier est le plus important pour l'histoire de la Malaisie et de sa vie politique, le second est un détail et je vais essayer d'expliquer pourquoi.

Tout d'abord, je replacerai cela dans l'histoire de la Malaisie.

J'ai emprunté des informations à la série de Michel Delarche : Vol MH370, une quête inachevée sur son blog https://blogs.mediapart.fr/michel-delarche/blog/ du 3 aout 2021.

Le 22 mars 2024, lors de l'Assemblée Générale de l'AIAE (Association internationale des anciens fonctionnaires d'EUROCONTROL), j'ai présenté un scénario en anglais.

Le 18 juillet 2024, j'ai présenté le même scénario dans une conférence aux Moutiers en Retz (en Loire atlantique), un village de 2 000 habitants, ma résidence principale.

C'est grâce aux questions et commentaires lors de ces deux présentations que j'ai modifié mon scénario, objet de ce livre.

Né en 1948, je suis X-ENAC, Ingénieur Général de l'Aviation Civile, ancien directeur du Centre d'Études de la Navigation Aérienne français, ancien directeur du Centre Expérimental Eurocontrol, membre de l'Académie de l'Air et de l'Espace.

1. Une enquête technique et une enquête judiciaire.

Après chaque accident aérien, il y a, la plupart du temps, une enquête technique et une enquête judiciaire.

L'enquête technique permet de comprendre les raisons, souvent multiples, de l'accident et de proposer les façons d'y remédier. C'est ce processus qui a permis d'obtenir ce haut niveau de sécurité de l'aviation.

Même si les règles internationales obligent à des compensations financières pour les familles des victimes, l'enquête judiciaire a pour but d'obtenir, éventuellement, des compensations financières supplémentaires et, surtout, de trouver un ou des coupables, dans un « processus de deuil ». Mon ami, Jean-Paul Troadec, ancien Directeur du Bureau enquêtes et Analyses (BEA) français, au moment de l'enquête sur l'accident du AF 447, Rio Paris, a, souvent, souligné les défauts de ces enquêtes judiciaires.

En effet, 10 ans, ou plus, après, comment juger par rapport à la technique qui a progressé entre temps ? Un exemple est l'accident du A320 du Mont Saint-Odile, avec le MSAW (Minimum Safe Altitude Warning) dont Air Inter avait été dispensé du fait des fausses alertes.

La référence au Rio Paris est importante pour le cas du MH370. Ayant constaté qu'il avait fallu deux ans pour trouver l'épave de l'AF 447, les ingénieurs d'Inmarsat ont décidé d'enregistrer les messages de service, servant, uniquement, à vérifier, toutes les heures, que la liaison satellitaire restait active. Mais personne d'autre ne le savait.

Les familles des victimes sortent, souvent, frustrées de l'acquittement, la plupart du temps, de compagnies aériennes et ou de constructeurs car les erreurs humaines, toutes les erreurs sont d'ailleurs d'origine humaine, ne sont pas, la plupart du temps, délibérées.

Dans le cas du MH370, disparu le 8 mars 2014, l'enquête technique a abouti, le 2 juillet 2018, au Safety Investigation Report de 500 pages avec 50 annexes. Il décrit comment le Pilot In Command (PIC) et, peut-être, le First Officer (jamais nommés par leurs noms) auraient réussi à faire disparaitre complètement l'avion, s'il n'y avait pas eu les messages Inmarsat et les débris.

GADSS: Global aeronautical distress and safety system

En grande partie en réponse à la perte des vols AF447 et MH370, l'OACI (Organisation de l'aviation civile internationale), a créé le système mondial de détresse et de sécurité aéronautiques (GADSS) Le GADSS contient des normes et pratiques recommandées (SARP) qui établissent ce qui est attendu des compagnies aériennes et des exploitants d'aéronefs pour le suivi des aéronefs dans des conditions normales ainsi que lorsqu'un aéronef est en détresse.

– le suivi des avions en vol, de façon à disposer d'un report de position au moins toutes les 15 mn, voire 1 mn.

– la détection d'une situation de détresse par un algorithme donnant une précision de localisation de 6 NM

– l'installation de nouvelles balises acoustiques (dites ELT Emergency Locator) émettant à une fréquence de 8.8 kHz, dont la portée est plus importante que celle des balises actuelles,

– l'augmentation de la durée d'émission des balises actuelles portée de 30 à 90 jours.

Dans le cas du AF447 et du MH370, les balises ne se sont pas déclenchées et, comme un pilote peut toujours couper le « transpondeur », il est toujours possible d'essayer de faire disparaitre un avion.

La disparition du MH370 est un cas pour lequel l'accident et le rapport d'enquête n'ont pas permis de progresser.

Le rapport d'enquête a été cosigné par les bureaux enquêtes accidents de Grande Bretagne, Australie, France, Chine, USA et Singapour « with Significant and Substantiated Comments Accepted and Incorporated » Seule l'Indonésie s'est abstenue, conformément à son refus de fournir les enregistrements de ses radars.

Le plus vraisemblable est que cette disparition soit due à un détournement et le rapport répond à la question du « comment », mais pas du « pourquoi ».

Du côté judiciaire, la situation est la suivante.

Les demandes de procès aux USA, en Malaisie et en Australie ont été rejetées.

Les membres des familles des victimes chinoises, qui ont refusé d'accepter les offres de règlement, ont obtenu que se tiennent des audiences au tribunal du district de Chaoyang à Pékin pour essayer d'obtenir des compensations plus importantes.

Néanmoins, deux enquêtes sont toujours en cours, l'une aux États-Unis, l'autre en France.

Au moment de la disparition du MH370, des agents du FBI étaient en Malaisie dans le cadre d'un contrat de formation des policiers malaisiens. Comme les autorités malaisiennes étaient un peu dépassées, elles ont demandé à des agents du FBI de les accompagner pour la perquisition du domicile du Commandant de bord. De façon surprenante, le FBI a pris le simulateur de vol du Commandant de bord.

Il est toujours au centre de recherche du FBI à Quantico dans l'État de Virginie et les USA ont refusé de le rendre aux enquêteurs. Beaucoup a été dit sur les itinéraires de vol réalisés par le pilote sur son simulateur. La version officielle est page 73 du Rapport : « Royal Malaysia Police's Report on Flight Simulator of PIC » (PIC : Pilot in Command).

J'y reviendrai.

D'après ce que je crois connaitre de la loi aux USA, du fait qu'il y a des citoyens américains impliqués, l'enquête n'est pas close, mais rien ne dit qu'elle soit active.

La Malaisie avait, jusqu'à présent, une attitude méfiante vis-à-vis de la Chine et de son projet des « Routes de la Soie » et plutôt positive vis-à-vis des USA.

De plus, le 28 mai 2025, lors de son discours d'ouverture du salon Semicon South East Asia, à Kuala Lumpur, le Premier ministre Anwar Ibrahim a présenté un plan dans les semi-conducteurs. Son ambition est d'attirer plus de 100 milliards de dollars d'investissements industriels, dont des Américains. En 2021, Intel avait déjà annoncé prévoir de construire une nouvelle usine d'assemblage et de packaging en Malaisie.

Plutôt que de couvrir un éventuel complot américain à l'origine de la disparition du MH370, on pouvait penser que les USA n'avaient pas intérêt à creuser un sujet qui pourrait, éventuellement, gêner le gouvernement malaisien. Maintenant, avec l'arrivée de Donald Trump, comme président des USA, tout est possible.

En France, le parquet de Paris a ouvert, en mai 2014, une information judiciaire pour « homicide involontaire par manquement délibéré à une obligation particulière de prudence ou de sécurité imposée par la loi ou le règlement ». Pour mener ses investigations, le parquet de Paris s'appuie sur des enquêteurs de la Division d'investigations aéronautiques. Ils appartiennent à la Section de recherches de la gendarmerie des transports aériens (SRTA) basée à l'aéroport de Roissy Charles-de-Gaulle. La SRTA est chargée de mener des enquêtes sur des accidents d'avions mortels ayant eu lieu en France ou en Outre-mer, ou ayant fait des victimes françaises. C'est le cas pour le MH370.

La conséquence la plus importante est que la France, considérant que c'était une pièce à conviction, a refusé que le flaperon découvert à la Réunion, le 29 juillet 2015, et premier débris identifié sans ambiguïté, (Appendix-1.12A-1-Item-1-Flaperon-Identification), comme appartenant au MH370, soit transmis aux enquêteurs.

Dans le rapport d'enquête, l'Appendix-1.12A-2-Item1Flaperon (Main) est le rapport de la Direction Générale Aéronautique/ Techniques aéronautiques (DGA TA) française, qui est uniquement une analyse « structurelle », avec des hypothèses sur sa position, abaissée ou pas, au moment de l'impact.

Cet organisme n'a pas eu l'idée, peut-être faute de compétences et de moyens, de faire ce qu'Agiris Kamoulakis a fait depuis et qui explique un vraisemblable amerrissage raté.

L'autre conséquence, moins grave, est l'analyse des bernacles (coquillages), trouvés sur le flaperon,(Appendix2.6A-Marine-BiologistReport1 et Appendix2.6B-MarineBiologistReport2) qui sont le résultat des travaux de deux laboratoires français, du Dr. Joseph Poupin et du Dr Dominique Blamart. Leur analyse ne permet pas de déterminer le lieu du crash avec la croissance de ces quelques échantillons, en fonction de la température. Ceci a fait l'objet de thèses universitaires très théoriques. Ce qui est dommage, c'est que les autres débris retrouvés aient été nettoyés de leurs coquillages.

L'information judiciaire est toujours en cours sous le contrôle d'un magistrat instructeur qui a changé plusieurs fois depuis 10 ans et, comme pour les cold cases, avance en fonction de la motivation du magistrat instructeur, parmi d'autres cas à traiter. Il est relancé périodiquement par Marie Dosé, l'avocate de Ghyslain Wattrelos, dont la femme et deux enfants étaient dans MH370. Elle a essayé, en 2017 et 2024 et sans succès, d'obtenir la déclassification de documents. Comme pour d'autres accidents, tout se passe comme si la SRTA voulait refaire l'enquête technique, en faisant appel à des « experts » « indépendants ». Par exemple, il semble que la SRTA ait cherché à avoir directement les données brutes d'Inmarsat, qui, pourtant, ont été rendues publiques, pour refaire les calculs. Ils se sont rendus aux USA pour essayer d'interroger le FBI. « Des demandes d'entraide pénale internationale » sont en cours, mais il semble que la Malaisie n'y ait pas répondu.

Dans tous les cas, alors que l'information judiciaire a pour but de trouver les coupables, la SRTA ne semble pas s'intéresser au pourquoi. Le 29 avril 2021, à la demande de Marie Dosé, l'avocate de Ghyslain Wattrelos, j'ai été convoqué par la SRTA. Je leur ai communiqué un document de 52 pages, en anglais, expliquant mon scénario. Si, selon mon scénario, le détournement est lié à la politique intérieure de la Malaisie, je leur ai dit qu'ils avaient peu de chances de pouvoir interroger des personnalités politiques malaisiennes.

Depuis, parmi ces personnalités, l'une d'entre elles est devenue Premier Ministre.

2. De multiples scénarios

2.1 Des scénarios incomplets

En plus de ces documents et de ces démarches officielles, nombre de livres et de rapports ont été publiés.

Il y a deux catégories de scénarios.

Dans la première catégorie, on trouve ceux qui ne tiennent pas compte des données ou qui les contestent, en pensant qu'elles ont été falsifiées, en particulier les données d'Inmarsat et surtout l'analyse faite par les ingénieurs d'Inmarsat. J'ai eu l'occasion de rencontrer l'un d'entre eux, Mark Dickinson, qui a été profondément blessé par cette remise en cause de son intégrité et de ses compétences professionnelles. Il est assez facile de démontrer l'incohérence de ces théories, même si certaines d'entre elles ont été très médiatisées et je me garderai de leur faire la moindre publicité en les citant.

Dans la deuxième catégorie, on trouve des calculs de trajectoires extrêmement sophistiqués dont les auteurs sont persuadés d'avoir trouvé LA bonne trajectoire parmi les milliers possibles, compatibles avec les données Inmarsat. Les auteurs espèrent que leur sophistication sera, à elle seule, suffisamment convaincante pour déclencher des recherches pour trouver, non pas l'aiguille dans la botte de foin, mais, vue la taille de l'Océan Indien, d'abord ...la botte de foin. Les auteurs estiment que leurs calculs mathématiques sont suffisamment convaincants, sans avoir à élaborer un scénario sur le mobile du détournement.

Le scénario, de loin le plus fréquent, fait le choix de trajectoires rectilignes, après le contournement de Sumatra, amenant l'avion au milieu de nulle part. Le scénario est celui du pilote suicidaire : après avoir pris le contrôle de l'avion, le pilote aurait décidé de disparaître en entrainant avec lui tous ses passagers et les membres d'équipage. Il aurait choisi de s'éloigner le plus possible de toute terre habitée et de tout espace aérien fréquenté, afin que personne ne retrouve jamais l'avion.

Il résout sommairement la question de ce qui a pu se passer dans le cockpit et dans la cabine en faisant l'hypothèse que le pilote a fait sortir son copilote du cockpit et qu'il a ensuite fait mourir l'ensemble des passagers et des hôtesses et stewards en dépressurisant la cabine

Il n'y a pas eu la moindre enquête auprès des opérateurs téléphoniques de ces personnes.

Les pilotes suicidaires prêts par désespoir à commettre un tel crime sont rares, mais il y a quelques cas : en 1999, un pilote d'Egyptair fit plonger son avion dans l'Atlantique peu après son décollage de New York, et plus proche dans le temps, tout le monde garde en mémoire l'écrasement dans les Alpes de l'avion de German Wings en 2015 par le copilote dépressif Andreas Lubitz. Cependant, dans ces deux cas, les pilotes suicidaires ont mis leur plan à exécution sans délai, dès qu'ils ont eu la possibilité de passer à l'acte.

« Qui veut se débarrasser de son chien l'accuse de la rage ». Il a été inventé que Zaharie Ahmad Shah avait des soucis d'argent et/ou une maitresse. Le rapport d'enquête le décrit comme un professionnel respecté et, dans sa famille, comme l'« oncle » auquel on fait appel pour un conseil.

C'est la faiblesse de ce scénario qui me fait penser, qu'avec la reprise des recherches au bout d'une trajectoire associée à un scénario du suicide, **Ocean Infinity ne trouvera pas l'épave**.

2.2 Tome 1 Pourquoi faut-il chercher l'épave... ailleurs Une tentative de scénario complet

Notre livre, avec Michel Delarche, essayait de trouver les raisons d'un tel détournement avec un mode opératoire disculpant le commandant de bord et une trajectoire peu sophistiquée mais cohérente, pour aller quelque part. Il n'avait pas la prétention de proposer une fin de trajectoire suffisamment précise pour essayer d'aller chercher l'épave.

La première partie décrivait ce que l'on savait du vol MH370 grâce au rapport d'enquête préliminaire de février 2015.

La deuxième partie « un peu de géopolitique régionale » décrivait les principaux foyers de tension ethnique et/ou religieuse dans la région et faisait la liste des principaux groupes terroristes qui auraient pu avoir eu ce détournement pour cible et pour quels objectifs.

Dans une troisième partie : « le comment et le pourquoi », on avait imaginé un scénario plus sophistiqué que le suicide du commandant de bord auquel on ne croyait pas pour les raisons déjà évoquées.

Ce scénario romanesque du détournement par des passagers clandestins avait aussi pour but de faire toucher du doigt la fragilité des systèmes aéronautiques et les failles opérationnelles du contrôle aérien et de la sécurité aéroportuaire malaisienne.

Si je le décris en détail, c'est pour montrer, ensuite, pourquoi il n'est pas plausible.

Avant le vol, des pirates se seraient introduits dans la soute électronique. La soute en question est un compartiment pressurisé abritant les équipements électroniques et en particulier les processeurs de gestion du vol et des télécommunications air-sol.

On peut y accéder de trois façons : par une trappe de maintenance située sous l'avion ; par une trappe située en cabine juste derrière le cockpit et par une porte de communication avec la soute de fret. Vu l'absence de vérification sérieuse des passeports à l'embarquement révélée par l'enquête, il semblait assez plausible que le laxisme régnant dans l'application des procédures de sûreté à l'aéroport de Kuala Lumpur ait pu permettre à des pirates de s'introduire dans la soute. Par exemple, pendant la phase de chargement du fret, en se dissimulant dans un container, puis de là passer dans la soute électronique à l'aide de complices locaux, ou bien entrer directement dans la soute électronique à partir de la cabine pendant la phase de préparation du vol.

Notre scénario était le suivant :

Au moment du transfert de contrôle, un de ces passagers clandestins dissimulés dans la soute déclenche une coupure générale des alimentations électriques, tous les systèmes de communication et de navigation s'arrêtent, et l'avion passe en configuration minimale de navigation sur l'alimentation auxiliaire de secours.

Panique dans le cockpit.

Les pilotes, qui ne peuvent plus communiquer du tout avec le contrôle aérien, amorcent un demi-tour à gauche, vers la côte, pour espérer atteindre l'aéroport le plus proche, celui de Khota Baru et entament une descente

En ayant interrompu l'alimentation électrique dans la soute, les pirates ont fait d'une pierre quatre coups :

- Ils compliquent le repérage de l'avion par le contrôle du trafic aérien civil (du fait de la perte de la piste radar secondaire et de l'étiquette d'identification du vol sur l'écran du contrôleur)
- Ils empêchent les passagers de donner l'alerte en utilisant leurs téléphones portables, car l'avion est équipé d'une antenne offrant le service Inmarsat de téléphonie aux passagers de la classe affaire, service qui serait accessible en mode avion, alors que le réseau sol

de téléphonie mobile est à cet endroit largement hors de portée.

• Ils empêchent les pilotes d'informer le contrôle du trafic aérien civil soit par la radio soit en programmant un code "urgence » ou ''détournement » sur le transpondeur radar.

• Ils rendent inactif le verrou électromagnétique de la porte du cockpit.

Ensuite, les pirates émergent de la soute par la trappe débouchant devant la cabine de la classe affaire, juste derrière le cockpit, et se font, si nécessaire, ouvrir la porte (qui peut être bloquée manuellement de l'intérieur par un loquet mécanique, utilisable lorsque le verrou électrique ne fonctionne plus) par un chantage au rétablissement de l'alimentation électrique.

Un ami, lecteur des aventures de Buck Danny, m'a indiqué que dans « Les fantômes du soleil levant », paru le 15 avril 2016 un avion disparaissait avec le même scénario.

Couverture de la BD LES FANTOMES DU SOLEIL LEVANT

Scénario de prise de contrôle à partir à partir de la soute

Mais, le rapport d'enquête définitif paru le 2 juillet 2018, met à mal ce scénario car le temps est trop court entre la coupure de l'électricité et le virage très brusque pour donner le temps à des personnes de monter de la soute électronique dans le cockpit.

Il faut donc trouver une autre explication à ce détournement par le Commandant de bord.

Parmi nos options, il y avait une trajectoire pour essayer de rejoindre l'Australie, avec, par exemple, le site le plus proche, Learmonth, près d'Exmouth, qui dispose d'une piste de 3000m. On expliquait les raisons possibles pour lesquelles l'avion n'aurait pu atteindre cette destination. Si l'avion a effectué son contournement de Sumatra à basse altitude pour éviter d'être détecté par les radars indonésiens, la surconsommation de carburant a pu être sous-estimée.

Cette trajectoire, parmi toutes les trajectoires plausibles, je reviendrais sur ce terme, me semble toujours possible.

2.3 Un autre scénario

Ne croyant pas à la théorie du suicide, qui ne correspond pas à sa personnalité, et pour essayer de comprendre pourquoi, de son plein gré ou fortement incité à le faire, Zaharie Ahmad Shah a décidé de détourner le MH370, j'ai décidé de m'intéresser à la politique intérieure de la Malaisie et à des déclarations d'hommes politiques.

J'ai effectué cette recherche sur Internet, sans ChatGPT ou autre moteur d'intelligence Artificielle (IA), car je savais ce que je cherchais, avec, surtout, une caractéristique de ma vie professionnelle : toujours chercher, avec un pas de côté, par rapport aux discours officiels et aux théories simplistes, ce que l'IA ne permet pas.

Je ne prétends pas être devenu un spécialiste de la Malaisie, mais ai trouvé suffisamment d'informations pour bâtir un scénario qui, sans totalement disculper Zaharie Ahmad Shah, lui trouve des circonstances atténuantes. Même si l'issue est fatale, mon scénario est moins horrible à imaginer pour les occupants de l'avion et, donc, pour leurs proches.

3. L'histoire politique de la Malaisie

3.1 La Malaisie est une monarchie constitutionnelle fédérale

Traduction en français de

https://en.wikipedia.org/wiki/Malaysia

Monarchie constitutionnelle fédérale, Malaisie se compose de 13 États et de trois territoires fédéraux, séparés par la mer de Chine méridionale en deux régions : la péninsule Malaise et la Malaisie orientale de Bornéo.

Kuala Lumpur est la capitale nationale, la plus grande ville du pays.

Le pays trouve ses origines dans les royaumes malais, qui, à partir du XVIIIe siècle, sont été soumis à l'Empire britannique.

Pendant la Seconde Guerre mondiale, la Malaisie britannique, avec d'autres colonies britanniques et américaines proches, ont été occupée par le Japon. Après trois ans d'occupation, la Malaisie péninsulaire a été brièvement unifiée en tant qu'Union malaisienne en 1946 jusqu'en 1948, date à laquelle elle a été restructurée en tant que Fédération Malaisienne

Le pays a accédé à l'indépendance le 31 août 1957. Le 16 septembre 1963, la Malaisie indépendante s'est unie avec les colonies de la couronne britannique du nord de Bornéo, Sarawak et Singapour pour devenir la Malaisie. En août 1965, Singapour est sortie de la fédération et est un pays indépendant séparé, pour des raisons ethniques et de choix institutionnels.

La croissance démographique est de 1,1 %, l'espérance de vie de 75 ans et le taux d'alphabétisation est de 95 %, ce que beaucoup de pays dans le monde pourraient envier.

Le pays est multiethnique et multiculturel. Environ la moitié de la population de 34 millions est ethniquement malaise, avec des minorités de Chinois, d'Indiens et de peuples autochtones.

La population chinoise est d'un peu plus de 6,7 millions de personnes, soit environ 22,4 % des citoyens. Parmi ces derniers, seuls 1,2 % sont considérés comme musulmans.

Cette « diaspora », forte minorité en nombre et en pouvoir économique, habituelle dans beaucoup de pays d'Asie, explique pourquoi, dans le Vol MH370, Kuala Lumpur, Pékin, parmi les 239 passagers présents à bord du vol MH 370, il y avait 153 chinois. Ceci explique aussi pourquoi sa disparition a créé des tensions entre la Chine et la Malaisie.

La langue officielle est le malais malaisien, une forme standard de la langue malaise. L'anglais reste une deuxième langue active. Il abrite également 111 langues autochtones vivantes.

Tout en reconnaissant l'islam comme religion officielle, la Constitution accorde la liberté de religion aux non-musulmans. Le gouvernement s'inspire du système parlementaire de Westminster, et le système juridique est basé sur la Common Law. Le chef de l'État est un monarque élu, choisi parmi les neuf sultans d'État tous les cinq ans. Le chef du gouvernement est le Premier ministre.

L'économie du pays est traditionnellement tirée par ses ressources naturelles mais s'étend au commerce, au tourisme et au tourisme médical. Le pays a une économie de marché, relativement ouverte et orientée par l'État.

Le pays est membre fondateur de l'Organisation de la coopération islamique (OCI), du Sommet de l'Asie de l'Est (EAS) et de l'Association des nations de l'Asie du Sud-Est (ASEAN) et est membre du Mouvement des pays non alignés, du Commonwealth et de l'Association de coopération économique Asie-Pacifique (APEC).

La Malaisie est membre du Five Power Defence Arrangement (conclu en 1971), avec le Royaume-Uni, l'Australie, la Nouvelle-Zélande et Singapour.

3.2 Depuis l'indépendance, la démocratie a plutôt bien fonctionné

Surtout, si l'on compare à ce qu'ont vécu les pays voisins depuis la deuxième guerre mondiale.

Sans donner plus de précisions, ces pays ont connu des guerres, des guerres civiles, des guerres de religion, des massacres, des dictatures et, certains vivent encore sous des dictatures.

Depuis l'indépendance de la Malaisie en 1957 jusqu'en 2018, soit pendant 61 ans, avec les premiers ministres suivants Le principal parti politique malaisien, l'Organisation nationale malaise unie (UMNO), a détenu le pouvoir

- 1957 - 1970 : Abdul Rahman
- 1970 - 1976 : Abdul Razak Hussein
- 1976 - 1981 : Hussein Onn
- 1981 - 2003 : **Mahathir Mohamad**
- 2003 - 2009 : Abdullah Ahmad Badawi
- 2009 - 2018 : **Mohammad Najib Abdul Razak**

Il convient de noter que durant ces 60 années, Mahathir Mohamad a de loin, duré le plus longue en tant que premier ministre : 20 ans.

À la surprise générale, l'UMNO (et donc Najib Abdul Razak) a perdu les élections le 9 mai 2018 face une opposition qui était une coalition, le Pakatan Harapan (PH). Dans cette coalition, il y avait des partis créés par Mahathir Mohamad et par Anwar Ibrahim, anciens membres de l'UMNO.

Comme on le verra, ce changement politique a eu une influence sur l'enquête sur le MH370 avec un changement de l'équipe d'enquête.

Les premiers ministres suivants ont été

- 2018 - 2020 : **de nouveau Mahathir Mohamad à 92 ans**
- 2020 - 2022 : Muhyiddin Yassin
- **2022 à nos jours : Anwar Ibrahim**

Avec donc, trois personnes, trois personnages, qui ont dominé la scène politique depuis 1981, soit 40 ans : Mahathir Mohamad, Mohammad Najib Abdul Razak et Anwar Ibrahim

3.3 Des luttes entre « amis » pour le pouvoir

Restons-en aux trois personnages, dont les déclarations, si ce n'est leurs rôles, concernant le MH370 seront décrits au chapitre 7 Des faits, des actes et des déclarations

3.3.1 Mahathir Mohamad : la longévité

Sa carrière politique s'étend sur plus de 70 ans. Comme membre de l'UMNO, il a occupé de nombreux postes ministériels, avant sa promotion au poste de Premier ministre de juillet 1981 à octobre 2003.

Il est revenu au pouvoir en mai 2018, à 92 ans, en battant un de ses successeurs Najib Abdul Razak, membre aussi de l'UMNO. À son retour, il s'était engagé à renégocier ou à annuler ce qu'il avait qualifié des « déloyaux » projets chinois autorisés par son prédécesseur, Najib Razak.

Le 24 février 2020, il a démissionné de son poste de Premier ministre

À la suite de l'accession de Muhyiddin au poste de Premier ministre, Mahathir a formé un nouveau parti, le Parti des combattants de la patrie (PEJUANG), en août 2020.

3.3.2 Mohammad Najib Abdul Razak : trop visiblement corrompu

Il a été le Premier ministre d'avril 2009 à mai 2018.

Fils d'un ancien Premier ministre, Abdul Razak Hussein, il a été élu au Parlement malaisien en 1976. Il a occupé le poste de vice-Premier ministre en 1976 et par la suite, jusqu'en 2009, plusieurs portefeuilles ministériels, notamment la défense, l'éducation, la culture, la jeunesse et les sports, et enfin les finances, dans les gouvernements d'Abdullah Ahmad Badawi

Après les élections de 2013, son gouvernement a été marqué par l'emprisonnement du leader de l'opposition Anwar Ibrahim et par un scandale impliquant la société d'investissement publique 1Malaysia Development Berhad (1MDB), qui a donné lieu à des rassemblements appelant à la démission de Najib. Ces manifestations ont culminé avec la Déclaration des citoyens malaisiens de Mahathir Mohamad visant à destituer Najib.

Il a perdu les élections générales de 2018.

Le 3 juillet 2018, Najib a été arrêté par la Commission malaisienne de lutte contre la corruption), après une enquête sur le transfert de 42 millions de ringgits malaisiens (10,6 millions de dollars américains) de SRC International, une société liée à 1MDB, vers son compte bancaire. Au cours de cette opération, la police avait saisi des accessoires de mode d'une valeur de 273 millions de dollars lors de perquisitions dans ses propriétés. Najib a ensuite été inculpé d'abus de pouvoir, de multiples chefs d'abus de confiance et de blanchiment d'argent, ainsi que de falsification du rapport d'audit de 1MDB.

Le 28 juillet 2020, la Haute Cour a reconnu Najib coupable d'abus de pouvoir, de blanchiment d'argent et d'abus de confiance, Il a été condamné à 12 ans de prison. Le 8 décembre 2021, la condamnation pour corruption a été confirmée en appel. Après l'échec de son appel le 23 août 2022, il a été envoyé en prison.

Le 2 février 2024, il a obtenu une commutation de sa peine de 12 ans à 6 ans, ce qui a suscité une polémique dans l'opinion publique malaisienne.

3.3.3 Anwar bin Ibrahim : un opposant persécuté et persévérant

Il a été vice-Premier ministre de 1993 à 1998 et ministre des Finances de 1991 à 1998, alors qu'il était membre de l'Organisation nationale malaise unie (UMNO).

En 1998, le magazine Newsweek a nommé Anwar « la personnalité asiatique de l'année ».

Cependant, cette année-là, les tensions entre Anwar et Mahathir ont atteint un point critique lors de l'Assemblée générale quadriennale de l'UMNO. La branche jeunesse de l'UMNO, dirigée par Ahmad Zahid Hamidi, proche d'Anwar, a annoncé qu'elle lancerait un débat sur le « copinage et le népotisme ».

Lors de l'Assemblée générale, un livre de Khalid Jafri « 50 raisons pour lesquelles Anwar ne peut pas devenir Premier ministre »), a été diffusé. Khalid Jafri était un ancien rédacteur en chef du journal gouvernemental Utusan.

Il contenait des allégations d'homosexualité et des accusations de corruption. Anwar a obtenu une injonction du tribunal pour empêcher la diffusion du livre et a intenté une action en justice contre l'auteur pour diffamation.

Néanmoins, le 2 septembre 1998, Anwar a été limogé du gouvernement par le premier ministre Mahathir Mohamad. Le lendemain, il a été expulsé de l'UMNO. Anwar a été arrêté le 20 septembre 1998 et détenu sans procès en vertu de la controversée loi sur la sécurité intérieure.

Quelques semaines plus tard, Anwar a été accusé de corruption pour avoir prétendument interféré dans l'enquête policière le concernant. Lors du procès, un matelas prétendument taché de sperme d'Anwar a été présenté au tribunal comme preuve ADN de ses actes sexuels. Le juge Augustine Paul de la Haute Cour a accepté ces preuves ADN. La Haute Cour a finalement rendu sa décision en avril 1999, condamnant Anwar à six ans de prison pour corruption. Deux mois plus tard, il a été condamné à neuf ans de prison pour sodomie, qu'il a dû purger après avoir purgé sa peine de six ans pour corruption.

La Cour fédérale a annulé sa condamnation et Anwar a finalement été libéré de son isolement le 2 septembre 2004.

Par conséquent, Anwar a fait cinq ans de prison de 1999 à 2004.

Amnesty International a déclaré que le procès « révélait une pratique de manipulation politique des principales institutions de l'État, notamment la police, le parquet et le pouvoir judiciaire » et a déclaré Anwar prisonnier d'opinion, affirmant qu'il avait été arrêté afin de le réduire au silence en tant qu'opposant politique.

En vertu du droit malaisien, toute personne est interdite d'activités politiques pendant cinq ans après la fin de sa peine. Le 7 septembre 2008, la cour a accepté d'examiner l'appel d'Anwar. Cependant, le 15 septembre, la Cour d'appel a statué à l'unanimité que sa précédente décision de confirmer la décision de la Haute Cour ayant déclaré Anwar coupable était recevable, reléguant Anwar à l'écart de la vie politique malaisienne jusqu'au 14 avril 2008.

Le 14 avril 2008, Anwar a célébré son retour officiel sur la scène politique, son interdiction d'exercer des fonctions publiques ayant expiré dix ans après sa destitution de son poste de vice-Premier ministre.

Le 26 août 2008, Anwar a été réélu lors de l'élection partielle de Permatang Pauh et est revenu au Parlement comme chef de l'opposition. Il a affirmé la nécessité d'une libéralisation, notamment d'un système judiciaire indépendant et de médias libres, afin de lutter contre la corruption endémique qui, selon lui, poussait la Malaisie au bord de la faillite.

Le 28 juin 2008, un assistant d'Anwar Ibrahim, Mohammad Saiful Bukhari Azlan, a déposé plainte auprès de la police, affirmant avoir été sodomisé de force par Anwar. Lorsqu'on lui a fait valoir qu'il était peu probable qu'un homme de 61 ans soit capable de maîtriser physiquement un homme de 24 ans,

Azlan a modifié sa plainte en « conduite homosexuelle par persuasion ».

Anwar a répondu que la plainte était motivée par des considérations politiques et visait à le discréditer. L'épouse d'Anwar, Wan Azizah Wan Ismail, a accusé le gouvernement d'avoir orchestré ces allégations et a affirmé que le gouvernement en était à l'origine. Le Premier ministre Abdullah Ahmad Badawi a nié ces allégations.

Le 29 juin 2008, Anwar s'est réfugié dans l'enceinte de l'ambassade de Turquie à Kuala Lumpur et est reparti le lendemain après avoir reçu des assurances de sécurité de la part de la police malaisienne. Anwar a promis de coopérer à l'enquête, mais a déclaré craindre une répétition du procès précédent.

Le 16 juillet 2008, Anwar a été arrêté puis libéré sans inculpation, mais a dû payer une caution.

Je passe sur les détails plus ou moins sordides et le procès d'Anwar pour sodomie, son deuxième depuis 1998, s'est ouvert le 3 février 2010.

Les accusations de sodomie ont suscité de nombreuses critiques et inquiétudes à l'étranger. Des dirigeants politiques des États-Unis, d'Australie et d'autres gouvernements ont commenté l'affaire, portant atteinte à la réputation de la Malaisie en tant que démocratie islamique progressiste. Amnesty International et d'autres organisations de défense des droits humains ont condamné les accusations portées contre Anwar.

Plus de 50 parlementaires australiens, issus du gouvernement et de l'opposition, ont signé une lettre demandant officiellement à la Malaisie de mettre fin au procès d'Anwar.

Le 8 février 2010, le ministère malaisien des Affaires étrangères a mis en garde les gouvernements étrangers contre toute ingérence dans le procès en critiquant le système judiciaire malaisien.

Le 9 janvier 2012, près de deux ans après l'ouverture du procès, le juge Zabidin Mohamad Diah a déclaré Anwar non coupable de sodomie, après avoir jugé peu fiables les preuves

ADN présentées par l'accusation. Son verdict concluait ainsi : « Le tribunal est toujours réticent à condamner pour des infractions sexuelles sans preuves corroborantes. Par conséquent, l'accusé est acquitté et relaxé. ».

Anwar a déclaré : « Dieu merci, la justice a prévalu, j'ai été disculpé.» Le ministre de l'Information, Rais Yatim, a réagi en affirmant que le verdict démontrait l'indépendance des tribunaux malaisiens.

Mahathir Mohamad, Premier ministre à l'époque du premier procès pour sodomie d'Anwar, a déclaré que le verdict donnait raison au gouvernement et prouvait qu'il n'y avait jamais eu de complot entre le gouvernement et le pouvoir judiciaire pour emprisonner Anwar.

Saiful, le plaignant, a déclaré après le prononcé du verdict qu'il espérait que le parquet ferait appel de l'acquittement d'Anwar.

Anwar avait passé les jours précédant le verdict à parcourir la Malaisie pour rallier le soutien de l'opposition. Environ 5 000 partisans de l'opposition se sont rassemblés devant le tribunal le jour même du prononcé du verdict.

Le 20 janvier 2012, le parquet a interjeté appel de l'acquittement d'Anwar.

La Cour d'appel a annulé l'acquittement d'Anwar, confirmant l'appel du gouvernement. La cour a également déclaré Anwar coupable et l'a condamné à cinq ans d'emprisonnement.

La décision est tombée tard le 7 mars 2014, alors qu'Anwar se préparait à se présenter aux élections partielles de l'État du 23 mars, qu'il avait de bonnes chances de remporter, lui ouvrant ainsi la voie à l'accession au poste de ministre en chef de l'État de Selangor, principal pôle économique du pays, situé autour de Kuala Lumpur. Des groupes de défense des droits humains ont accusé le gouvernement malaisien d'utiliser une loi anachronique de l'époque coloniale qui criminalise les « relations charnelles contre nature » pour persécuter Anwar, 66 ans, chef d'une opposition tripartite de plus en plus populaire dans ce pays majoritairement musulman

Le 10 février 2015, Anwar a interjeté appel de la décision de la Cour d'appel, **et la Cour fédérale a confirmé sa condamnation et sa peine de cinq ans d'emprisonnement.** Le procureur principal avait requis une augmentation de la peine, la peine maximale étant de 20 ans.

S'agissant de son dernier recours, Anwar a été immédiatement incarcéré.

Human Rights Watch a qualifié cette décision de « revers majeur pour les droits humains en Malaisie ». Dans une réponse officielle à cette décision, le gouvernement américain a déclaré : « Les États-Unis sont profondément déçus et préoccupés par le rejet du dernier appel d'Anwar Ibrahim et sa condamnation... La décision de poursuivre M. Anwar et son procès ont suscité de sérieuses inquiétudes quant à l'État de droit et à l'indépendance des tribunaux. »

Le cabinet du Premier ministre malaisien, Najib Razak, a réagi à cette décision en déclarant : « La Malaisie dispose d'un système judiciaire indépendant et de nombreuses décisions ont été rendues contre de hauts responsables gouvernementaux. »

Il a bénéficié d'une grâce royale du sultan Muhammad V et a été libéré de prison le 16 mai 2018, à la suite de la défaite de Najib Razak et à la victoire du Pakatan Harapan aux élections de 2018, après 3 ans de plus en prison.

Il a fait de la prison sous l'instigation de deux premiers ministres, Mahathir Mohamad et Najib Razak, qui ont disparu de la scène politique.

Il est premier ministre depuis 2022.

Ce dirigeant est respecté dans la région.

Par exemple, 28 juillet 2025, après cinq journées d'affrontements meurtriers sur plusieurs points de leur longue frontière commune, les gouvernements de la Thaïlande et du Cambodge se sont entendus, lundi soir, pour décréter un cessez-le-feu « immédiat et inconditionnel » à partir de minuit.

L'annonce de ce gel du conflit, qui doit être suivie de discussions plus approfondies sur le futur de leur relation, a été faite par le Premier ministre malaisien, Anwar Ibrahim, qui avait présidé, dans l'après-midi à Putrajaya, des pourparlers d'urgence avec les chefs des exécutifs des deux nations, afin de stopper cette crise qui inquiétait les nations de l'Asean et les grandes capitales.

Anwar Ibrahim avec les premiers ministres du Cambodge et de la Thailande

4. Ce que l'on sait du vol MH370

J'ai repris la première partie du Tome 1, écrit avec Michel Delarche,

Il était fondé sur le rapport d'enquête intérimaire de 2015. J'ai ajouté des informations provenant du rapport d'enquête définitif du 2 juillet 2018.

Le but est d'essayer de fournir les éclaircissements techniques dont le lecteur, a priori non familier du fonctionnement des opérations et systèmes aéronautiques, pourrait avoir besoin.

Sauf exceptions qui seront mentionnées, les informations relatives au vol MH370 présentées dans cette partie proviennent du rapport officiel transmis par les autorités malaisiennes à l'Organisation de l'Aviation civile Internationale (OACI) au titre de l'Annexe 13 de la Convention de Chicago qui réglemente les enquêtes sur les accidents et incidents d'aviation

Nous partons du principe que les données techniques que nous avons trouvées dans les rapports officiels n'ont été ni altérées ni censurées.

Après un début de vol normal, la succession des évènements qui ont abouti à la disparition du MH 370 n'était pas si extraordinaire que l'on pourrait croire, du moins au début.

Le rapport officiel de 2018 contient, entre autres, la chronologie des événements connus se rapportant à l'avion disparu, chronologie que nous allons résumer et analyser

4.1 Un début de vol normal

Le vol MH370 était un vol commercial régulier partant de nuit, donc un vol de routine pour les pilotes et la préparation du vol comme son départ (avec un léger retard sur l'horaire prévu) se sont déroulés normalement.

L'avion a décollé de Kuala Lumpur le 7 mars 2014 à 16h41 Temps Universel Coordonné (noté UTC) soit 0h41 le 8 mars en heure locale. Il devait atterrir à Pékin cinq heures et demie plus tard, à 22h10 UTC (soit 6h10 à l'heure de Pékin.)

Sa trajectoire dans le plan vertical a consisté à atteindre rapidement une altitude de croisière de 35 000 pieds soit environ 10 700 m. Il faut savoir que pour éviter les conflits entre avions, les avions sont répartis dans les espaces contrôlés entre différents niveaux d'altitude espacés de 1 000 pieds (environ 300 m).

Nous utiliserons fréquemment dans cet ouvrage la notation aéronautique des niveaux de vols en centaines de pieds, précédés du préfixe FL pour « Flight Level » (« niveau de vol » en anglais). Le MH370 volait donc en croisière à FL350, après avoir reçu deux autorisations successives du contrôle aérien de monter d'abord à FL180 puis à FL250.

Dans le plan horizontal, l'avion suivait une route directe vers un point particulier nommé IGARI. Dans le monde entier, les routes aériennes qui servent de support à la construction de la plupart des plans de vol commerciaux passent par une suite de points portant des noms mnémotechniques composés de 5 lettres. Le passage de l'avion sur certains de ces points est notifié au contrôle aérien qui peut ainsi vérifier la bonne progression de l'avion. Le réseau des routes aériennes couvre toute la Terre comme une énorme toile d'araignée qui se densifie autour des grands aéroports.

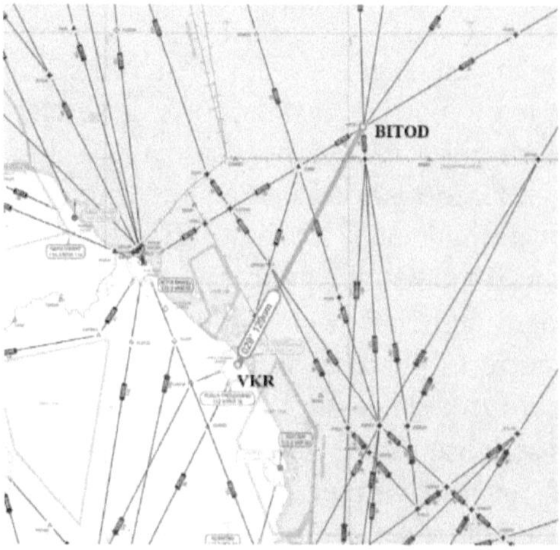

le réseau des routes aériennes

Aucun problème particulier n'a été signalé au contrôle aérien pendant cette première phase de montée jusqu'au niveau de croisière.

Extrait du Rapport d'enquête.

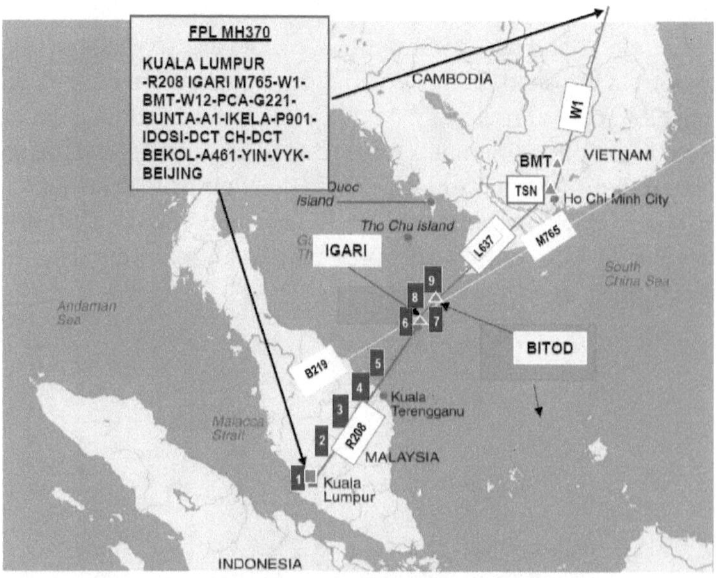

Figure 1.1A - Chronological Sequence of Events of Disappearance of MH370 (in pictorial form and not to scale)

Trajectoire initiale du MH370 (conforme au plan de vol)

Un premier message ACARS (Aircraft Communication Addressing and Reporting System, sorte de service télex utilisé principalement entre un avion et sa compagnie aérienne) de mise à jour des informations sur l'état des moteurs de l'avion a été transmis normalement à 17h07 UTC via la liaison satellite Inmarsat dont l'avion était équipé.

La dernière interaction opérationnelle de gestion de la trajectoire entre le pilote et le contrôleur a eu lieu à 17h08 UTC pour confirmer le passage au niveau de vol FL350.

Une fois stabilisé à cette altitude et tenant toujours son cap vers IGARI, un tout dernier message vocal du pilote vers le contrôleur du centre en route de Kuala Lumpur a été émis à 17h19 UTC (1h19 du matin en heure locale) en réponse à une demande du contrôleur de prendre contact avec le centre de contrôle suivant, celui d'Ho-Chi- Minh-Ville au Vietnam, sur une autre fréquence radio (le contrôleur malaisien avait auparavant appelé son collègue vietnamien par téléphone pour s'assurer qu'il était prêt à recevoir l'avion dans sa zone de responsabilité).

En effet, l'espace aérien est découpé en zones appelées Régions d'Information de Vol (Flight Information Region en anglais, d'où l'abréviation de FIR). Ces zones sont souvent découpées plus finement en secteurs de contrôle, chaque secteur étant géré par une équipe de deux ou trois contrôleurs. Le vol MH370 partant de la FIR de Kuala Lumpur, devait survoler la FIR de Ho-Chi-Minh-Ville avant d'entrer dans la FIR chinoise de Sanya.

Découpage de l'espace en FIR

On peut remarquer sur la figure ci-dessus la complexité du découpage de l'espace aérien dans la zone où l'avion a disparu. Pas moins de 4 FIR s'articulent dans cette partie de la mer de Chine : les FIR continentales de Kuala Lumpur, Ho-Chi-Minh-Ville et Bangkok, ainsi que la FIR océanique de Singapour.

À chaque FIR correspond au moins un centre de contrôle en route des vols, dont les contrôleurs ne voient les avions que sur des écrans, et qu'il ne faut pas confondre avec les tours de contrôle des aéroports (c'est une erreur fréquemment commise par les non spécialistes surtout dans la presse; par exemple, lors de la catastrophe causée par le pilote suicidaire de GermanWings, tous les journalistes des radios et des chaînes d'information continue ne cessaient d'évoquer de la tour de contrôle de Marseille alors que le Centre de Contrôle en Route (CCR) qui assurait le suivi de ce vol se trouve à Aix-en-Provence !)

Certains analystes pointilleux des échanges radio ont relevé que le dernier message des pilotes ne respectait pas strictement la phraséologie, car le pilote aurait dû répéter la fréquence à contacter pour confirmer au contrôleur qu'il avait parfaitement compris l'instruction reçue, mais pour un vol nocturne aussi routinier, ce relâchement est assez fréquent et il n'y a pas lieu d'en tirer de conclusion particulière. Inversement, le pilote avait antérieurement redemandé confirmation de l'altitude de croisière alors que cela n'était pas nécessaire, mais peut-être s'agissait-il de rassurer le jeune co-pilote qui se trouvait alors aux commandes et dont c'était un des premiers vols sur cet avion.

Ces petites anomalies dans les échanges pilote-contrôleur ne devraient pas donner lieu à des spéculations excessives, même s'il est rétrospectivement tentant de commencer à échafauder des hypothèses sur ce qui pouvait se passer dans le cockpit à ce moment-là.

Tout au plus peut-on conclure de ce tout dernier échange radio qu'une certaine décontraction régnait à cet instant dans le cockpit, comme il arrive souvent lorsque l'avion a atteint son régime de croisière.

En l'occurrence, la réponse du pilote consistait en un simple “Goodbye” suivi de l'énoncé de l'identifiant du vol, comme il est d'usage lorsqu'un pilote prend congé d'un contrôleur avant d'en contacter un autre.

L'action suivante du pilote aurait donc dû être de changer de fréquence radio et de prendre contact avec le contrôleur vietnamien, mais cette prise de contact n'a jamais eu lieu, et c'est précisément dans les instants qui suivent que le vol a cessé de se dérouler normalement.

4.2 L'arrêt des moyens de surveillance et de communication

Dans le monde du contrôle du trafic aérien, on appelle surveillance ce qui permet de suivre les avions et communication ce qui permet d'échanger des informations. Mais les moyens de surveillance que sont les radars permettent aussi d'échanger des informations et les moyens de communication permettent aussi d'obtenir des informations de localisation, tout comme votre téléphone mobile permet de vous géolocaliser !

On décrira ici successivement les systèmes radars et des échanges vocaux pour le contrôle du trafic aérien et des communications vocales et numériques entre l'avion et la compagnie aérienne.

4.2.1 Les radars secondaires et les traitements associés du système civil

Une première anomalie se produit à 17h21 UTC, quelques kilomètres après le passage sur IGARI, alors que l'avion se dirige vers le point suivant nommé BITOD.

Le transpondeur radar secondaire, boîtier électronique qui détecte les interrogations émises par les radars au sol et y répond, cesse d'émettre ses informations à destination des radars secondaires de surveillance au sol. Tous les radars secondaires qui voient l'avion à ce moment, aussi bien malaisiens que thaïlandais ou vietnamiens, détectent le même phénomène à quelques secondes d'intervalle : le transpondeur du MH370 ne répond plus. Mais rien ne dit que les contrôleurs aériens l'aient remarqué.

L'arrêt du transpondeur secondaire est par ailleurs confirmé par l'interruption dans la minute qui suit des émissions Automatic Dependent Surveillance Broadcast (ADS-B) qui sont des reports automatiques périodiques de position et d'autres paramètres du vol diffusés par l'avion à travers le même transpondeur, à la fois à destination du sol et des autres avions se trouvant à proximité.

Or un radar secondaire ne peut détecter que les avions qui répondent à ses interrogations : le transpondeur transmet alternativement soit une indication d'altitude (Mode A) soit un nombre de quatre chiffres dit “Call Sign” (Mode C), attribué à l'avion pour l'identifier, d'où l'appellation de Mode A/C pour ce type d'interaction via le faisceau radar.

Ce code est un nombre à quatre chiffres qui est transmis verbalement par le contrôleur au pilote qui le saisit manuellement sur l'interface de contrôle du transpondeur. Il y a donc des risques d'erreur qui peuvent provenir du contrôleur (erreur sur le code indiqué au pilote) ou du pilote (erreur sur la mise en place du code dans le transpondeur).

De plus, pour éliminer des écrans des contrôleurs les avions qui ne sont pas de leur responsabilité et donc diminuer leur charge de travail, il se peut que les avions soient filtrés avant affichage en utilisant ce code à 4 chiffres. Et donc en cas d'erreur sur ce code, un avion peut purement et simplement disparaître de l'écran où il devrait s'afficher.

Il peut aussi arriver que, de façon sporadique, une émission d'un transpondeur soit perdue, en particulier si l'avion est en train de se pencher d'un côté ou de l'autre, par exemple pour effectuer un virage ; sous certains angles, le radar peut transitoirement ne plus « voir » le transpondeur, bien qu'il y ait plusieurs antennes émettrices disposées de part et d'autre de l'appareil.

Si le pilote ne peut plus utiliser la radio, des codes spéciaux lui permettent de signaler discrètement qu'il est victime d'un détournement ou de notifier une situation d'urgence à bord. Lorsqu'un pilote entre le fatidique code « Emergency » sur son transpondeur, tous les filtrages de visualisation sont désactivés et l'avion se met à clignoter intensément sur tous les écrans radar du centre de contrôle. L'un de nous se trouvait par hasard dans la salle du CCR d'Athis-Mons le matin où le vol Paris-Beyrouth d'Air France qui venait de décoller et se trouvait du côté de Dijon signala une urgence (causée par l'explosion d'un chauffe-eau dans les toilettes, un incident qui fit un moment craindre une bombe à bord mais n'eut heureusement pas de conséquence catastrophique) et fit demi-tour pour revenir aussi vite que possible se poser à Orly. Tous les contrôleurs présents se mirent à donner frénétiquement des instructions par radio aux autres pilotes alentour afin de dégager au plus vite l'espace aérien de tout trafic autour de ce point lumineux qui clignotait sans cesse et dont on ne savait pas sur le coup s'il avait encore toutes ses capacités de manœuvre.

Tous les systèmes de traitement de l'information radar dans le monde utilisent les informations radar reçues périodiquement, typiquement toutes les 4 à 10 secondes suivant la vitesse de rotation de l'antenne radar, pour créer une trajectoire, appelée « piste radar », qui assure la continuité de l'information présentée aux contrôleurs du trafic aérien sur leurs écrans, avec ce que l'on appelle une « étiquette » d'identification associée à la position.

En cas de perte temporaire de l'information radar, le système informatique peut néanmoins extrapoler la position supposée de l'avion à partir des derniers reports de position reçus et de la vitesse qui s'en déduit, et il peut ainsi continuer de présenter pendant un court moment une estimation de position sur l'écran du contrôleur, jusqu'à ce que l'émission du transpondeur soit à nouveau détectée.

En cas de perte plus longue, due à une panne du transpondeur ou aux erreurs décrites précédemment, beaucoup de systèmes de traitement de l'information radar continuent à extrapoler la position de l'avion en utilisant le plan de vol déposé par le pilote avant le décollage.

Le système malaisien Advanced Air Traffic System (AAT) a été fourni par la compagnie italienne Selex (ex-Alenia). On ne sait pas si cette fonction d'extrapolation existe dans le système AAT, ni si elle avait été déclenchée dans le cas du MH370.

Selon les procédures en vigueur à l'OACI, en cas de perte de l'information radar, le contrôleur doit faire l'hypothèse que l'avion va suivre son plan de vol et écarter en conséquence les avions proches qui risqueraient d'entrer en collision avec l'avion devenu invisible. Ceci montre bien que la disparition d'un avion de l'écran de contrôle n'est pas forcément synonyme de catastrophe en cours, mais peut résulter d'une panne de gravité modérée ou d'une anomalie temporaire.

La disparition de l'avion des écrans des contrôleurs n'avait donc rien de très exceptionnel et les contrôleurs avaient initialement toutes raisons de croire que l'avion poursuivait sa route selon son plan de vol.

Mais surtout, comme il avait « transféré » le MH 370 (on verra plus loin la signification exacte de ce transfert), le contrôleur malaisien ne s'y intéressait plus et l'avait ôté de sa « mémoire opérationnelle » pour se préoccuper des autres avions dont il avait la charge.

De plus, dans beaucoup de systèmes de traitement, lorsque l'avion a été transféré, l'étiquette change de couleur de façon à ne plus attirer l'attention.

4.2.2 Les traitements des radars primaires civils

Lorsque l'information obtenue grâce au radar secondaire ou extrapolée selon les méthodes indiquées précédemment n'est plus disponible, l'étiquette mentionnant l'identifiant du vol est effacée, et la seule information qui reste affichée sur l'écran du contrôleur est alors l'écho du radar dit « primaire ». Comme un radar primaire reçoit un écho obtenu directement par réflexion sur la carlingue de l'avion, contrairement au radar secondaire, il ne dépend donc pas de la bonne volonté de l'avion.

La figure ci-dessous montre la différence sur l'écran du contrôleur aérien entre la détection brute par un radar primaire (primary target) et le suivi plus complet réalisé par un radar secondaire.

Différence entre information radar primaire et radar secondaire

Contrairement à ce qui a été écrit par beaucoup de personnes, dans tout l'espace aérien malaisien, comme dans la plupart des pays dans le monde, à l'exception de la France, il existe une double couverture secondaire et primaire civile. L'information primaire sert en temps normal uniquement à améliorer l'information secondaire si le système de traitement radar a pu déterminer que les deux sources correspondent au même avion (on dit alors qu'elles sont corrélées), et l'information primaire n'apparaît pas en tant que telle.

Si la corrélation a échoué, ce qui serait le cas dans les différentes situations d'erreur ou de panne évoquées précédemment, l'information primaire, c'est-à-dire un plot tout nu, est affichée à chaque tour d'antenne du radar primaire.

De fait, seules les informations en provenance du radar secondaire sont habituellement utilisées par les contrôleurs, qui, dans la plupart des pays du monde, et notamment en Malaisie, ne sont pas entraînés à utiliser l'information brute provenant des radars primaires.

Pourtant, les radars primaires tant civils que militaires ont bel et bien suivi un aéronef qui était très vraisemblablement le MH370, et en publiant dans leur rapport la trajectoire primaire observée par le radar de Kota Bharu (à usage mixte civil et militaire), les autorités malaisiennes ont respecté leurs obligations vis-à-vis de la communauté internationale représentée par l'OACI. D'autre part, quand les autorités du contrôle du trafic aérien malaisien ont visionné ces enregistrements a posteriori, peut-être même juste après le déclenchement de l'alerte, il était facile pour elles d'en conclure que les plots primaires qui apparaissaient appartenaient vraisemblablement au MH370.

En revanche, pour le contrôleur qui avait ôté le MH370 de sa mémoire opérationnelle et ne regardait plus cette portion de son écran, cela n'était pas aussi évident que l'on pourrait croire, car la plupart du temps, les échos primaires servent uniquement à détecter la présence d'avions militaires qui sont en manœuvre avec leur transpondeur éteint, en principe dans des zones réservées à cet usage, et séparément du trafic civil.

La règle générale est que les avions militaires qui naviguent dans les portions d'espace où transitent des avions civils gardent leurs transpondeurs actifs pour être repérés par les contrôleurs civils, mais il peut évidemment y avoir des exceptions ou des oublis, et un contrôleur civil aura souvent comme premier réflexe d'associer un écho primaire non renseigné à la présence d'un avion militaire, présence dont il n'aurait pas été averti.

La suite de la trajectoire observée par les radars primaires sera traitée dans le sous-chapitre « La trajectoire connue hors plan de vol », où l'on expliquera aussi le fonctionnement de la coordination entre les civils et les militaires et ses dysfonctionnements éventuels.

4.2.3 Le transfert de contrôle et ses aléas

L'espace aérien est un élément de la souveraineté nationale, avec l'équivalent en l'air des « eaux territoriales » que sont les zones dites d' « Information de vol » (Flight Information Region donnant l'acronyme FIR en anglais) dont nous avons déjà parlé brièvement à propos du découpage de l'espace autour du point IGARI. Elles ont été définies après la deuxième guerre mondiale à la suite de la création de l'OACI, qui possède le statut d'une agence spécialisée des Nations Unies (comme l'UNESCO ou l'OMS) et a son siège à Montréal. Ces FIR sont contigües et débordent de l'espace national terrestre. Certaines FIR dites « océaniques » assurent la gestion du trafic aérien au-dessus des eaux internationales. Afin d'assurer la continuité du suivi des avions, certains États ont des responsabilités plus étendues sur ces zones océaniques sans que ceci implique une notion de souveraineté sur les portions d'espace en question.

Par exemple, les routes au-dessus de l'Atlantique Nord, qui forment une véritable autoroute du ciel entre l'Europe et l'Amérique, sont gérées par deux centres de contrôle océanique, l'un à Gander au Canada (pour l'anecdote, le 11 septembre 2001, l'aéroport de Gander a accueilli des dizaines d'avions arrivant d'Europe alors que l'espace aérien des États-Unis avait été fermé) et l'autre réparti entre Prestwick en Écosse (pour les activités de contrôle) et Shannon en Irlande (pour les moyens de communication). Ce centre en deux morceaux a ainsi été baptisé « Shanwick ».

Le passage d'une FIR à une autre s'apparente à un passage de frontière, y compris en Europe, ou les accords de Schengen n'existent pas en l'air : il y a un contrôle systématique des « passeports » aux frontières. Le pays vers lequel se dirige l'avion a reçu un plan de vol qui définit les conditions d'entrée de l'avion dans son espace aérien (point d'entrée et altitude du vol).

Ensuite, les contrôleurs des deux pays adjacents vont se coordonner pour que le contrôleur du pays recevant sache que l'avion va bien arriver chez lui et pour confirmer l'heure et le point de transfert, ainsi que le niveau de vol prévu (qui peut avoir changé par rapport au plan de vol, pour des raisons tactiques d'optimisation du trafic).

Ces deux contrôleurs ne sont évidemment pas physiquement dans la même salle de contrôle, ils ne parlent le plus souvent pas la même langue maternelle, mais ils ont l'habitude de se coordonner en anglais par téléphone, avec des liaisons sol qui sont de bonne qualité.

Mais paradoxalement, dans la gestion du trafic aérien, le transfert réel d'une zone de contrôle à l'autre constitue toujours une “zone grise”.

À un moment et donc un endroit qui n'est pas forcément sur la frontière géographique exacte entre les deux FIR, le contrôleur donnant va se « débarrasser » de l'avion en lui disant d'appeler le centre suivant et il va « l'oublier » en l'enlevant de sa mémoire opérationnelle, comme on l'a déjà vu précédemment. La possibilité existe que le logiciel gérant l'affichage rende ensuite l'information secondaire de l'étiquette peu visible, voire les fassent disparaître complètement.

La fréquence à sélectionner sur l'appareil radio à chaque transfert de secteur de contrôle est donc transmise verbalement par le contrôleur au pilote qui l'« affiche » manuellement sur sa radio. Un peu comme si, pour la téléphonie mobile grand public, il fallait, sur instruction d'un opérateur, changer de fréquence à chaque changement de « cellule » quand on se déplace.

Comme dans le cas du code transpondeur, les risques d'erreur proviennent soit du contrôleur (mauvaise fréquence indiquée au pilote) soit du pilote (mauvaise fréquence affichée). À titre d'exemple, un vol de deux heures au-dessus de l'Europe conduit à une dizaine de ces changements manuels de fréquence par le pilote.

Le contrôleur du trafic aérien ne peut pas appeler directement l'avion si une mauvaise fréquence a été sélectionnée à bord. Il existe bien un canal à la fréquence de 121,5 MHz qui est réservé aux appels de détresse (comme le Canal 16 en mer) mais il n'est pas veillé systématiquement par les avions en vol.

Pour les vols transocéaniques, il existe un moyen d'appel sélectif en radio HF permettant au contrôleur d'appeler directement un avion. Cependant pour les vols continentaux, ce système n'existe pas. Faute d'un système efficace pour rétablir le contact, pour la seule année 2013 en Europe, 56 cas de pertes prolongées de communication ont nécessité le décollage des avions d'alerte de la défense aérienne dans la zone AoFR (Area of Full Responsibility) européenne de l'OTAN.

Cette statistique montre qu'une perte de contact avec un avion d'une durée telle qu'elle déclenche la mise en œuvre de moyens militaires d'interception, est un événement assez fréquent : plus d'une fois par semaine en moyenne en Europe, qui est pourtant une des régions les plus avancées sur le plan technique.

Il faut donc relativiser sur ce plan le caractère exceptionnel de ce qui est arrivé au MH370. Comme l'arrêt du transpondeur, une coupure des communications n'est pas, au moins au début, aussi extraordinaire que cela dans l'univers opérationnel des contrôleurs aériens.

C'est au contrôleur recevant de réagir lorsqu'il se rend compte que l'avion supposé entrer dans son secteur ne l'a pas appelé, et c'est ce qu'a fait, au bout d'une vingtaine de minutes, le contrôleur vietnamien, qui disposait, tout comme son confrère malaisien, d'une image radar mixte (primaire et secondaire).

Ces vingt minutes peuvent paraître longues, mais, à titre de comparaison, dans le cas de la catastrophe du vol Air France Rio- Paris AF447 de 2009, le transfert n'avait pas été effectué entre le Brésil et le centre de Dakar et c'est le contrôleur du centre de contrôle en route de Brest qui s'était inquiété le premier, plusieurs heures après la perte de l'avion.

De plus, ce laps de temps de vingt minutes a été calculé a posteriori, à partir de l'heure de la dernière communication entre l'avion et le Centre de Kuala Lumpur à 17h19 UTC. Mais le contrôleur du centre d'Ho-Chi-Minh-Ville n'avait aucun moyen de connaître précisément cette heure, d'autant plus que l'heure de passage de l'avion au point de transfert IGARI avait été estimée par Kuala Lumpur à 19h22 UTC, et n'avait pas été mise à jour par la suite, ce qui fait déjà trois minutes de perdues avant de commencer à se poser la moindre question.

On a également pris en compte l'heure de disparition de l'information radar secondaire (à 17h21 UTC), mais comme le MH370 ne l'avait pas encore appelé, le contrôleur n'avait vraisemblablement pas l'attention attirée vers cette portion de son écran et n'avait sans doute pas remarqué immédiatement sa disparition, ou l'avait attribuée à un dysfonctionnement temporaire.

Enfin, ce transfert a eu lieu dans une zone très particulière : il s'agit d'une petite portion de la FIR océanique de Singapour où la gestion du trafic avait été déléguée à la Malaisie pour éviter la multiplication des transferts et optimiser les flux d'avions, comme cela se fait aussi ailleurs.

Par exemple, la Grande-Bretagne a délégué à la France la gestion d'une portion de son espace aérien au-dessus des Îles Anglo- normandes, et la France a délégué une partie de l'espace au-dessus du Jura à la Suisse pour faciliter la prise en charge des avions à l'aéroport de Genève.

De façon « normale », dans un cas finalement pas si extraordinaire que cela de disparition des informations du radar secondaire et de non-appel d'un équipage qui peut être occupé à régler un problème technique, dans le calme habituel la nuit à l'intérieur d'un centre de contrôle, après avoir rappelé le contrôleur malaisien, le contrôleur vietnamien demande donc à d'autres avions se trouvant à proximité s'ils voient cet avion et leur demande aussi d'essayer de le contacter directement par radio.

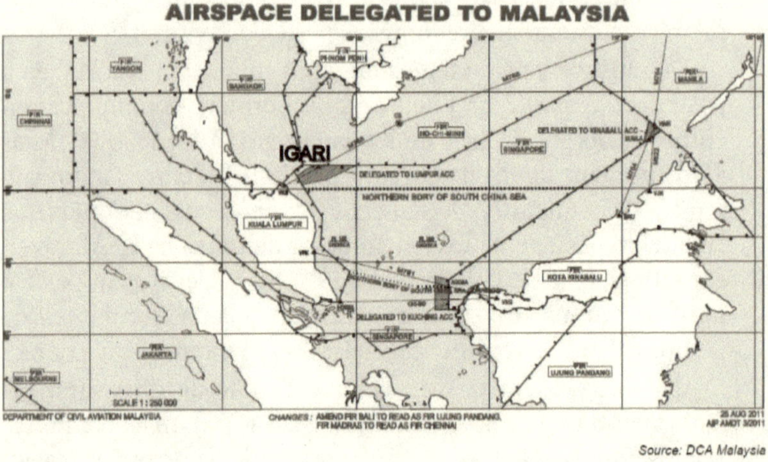

Zone au sud d'IGARI déléguée à Kuala Lumpur par Singapour

La réponse sera négative, parce qu'entre temps, le MH370 qui ne répondra plus à aucun appel, a fait demi-tour vers la Malaisie. Mais personne dans les centres de contrôle ne s'en est rendu compte, car tout le monde cherche spontanément à localiser l'avion, selon le plan vol prévu et donc selon les procédures prévues au niveau de l'OACI, quelque part au-dessus du Golfe de Thaïlande puis plus loin en Mer de Chine.

Par ailleurs, le centre de contrôle de Kuala Lumpur a contacté la compagnie Malaysian Airlines qui a d'abord fourni des indications erronées sur une localisation possible, ce qui retardera considérablement le déclenchement des opérations de recherche.

Un bon exemple du manque de réactivité de la compagnie aérienne et de la mauvaise coordination entre les différents acteurs est le décalage qui apparaît à la lecture des transcriptions détaillées des échanges incluses dans le rapport officiel: à 18h03 UTC, suite à une demande du contrôleur aérien, Malaysia Airlines a envoyé un message ACARS à l'avion pour lui demander de prendre contact avec le centre de contrôle vietnamien, mais à 18h22 UTC le dialogue entre les contrôleurs malaisiens et vietnamiens montre que cette information n'a pas été transmise au contrôle par la compagnie : le contrôleur de Kuala Lumpur explique à son collègue qu'il ne sait pas si la compagnie a déjà essayé de contacter l'avion.

Les contrôleurs malaisiens et vietnamiens auraient pu penser à un autre scénario.

Cette absence de toute reprise des communications pilote-contrôleur est une situation certes loin d'être normale mais qui peut se produire et perdurer de longues minutes : un avion souffrant d'une avarie sérieuse et qui est en route depuis peu de temps va spontanément chercher à se diriger vers l'aéroport le plus proche.

Et comme la sécurité du vol passe avant tout, les pilotes ne vont pas forcément reprendre contact immédiatement avec le centre qu'ils viennent de quitter s'ils sont vraiment aux prises avec un problème grave qui mobilise toute leur attention. Dans le cas du MH 370, c'est peut-être ce qui s'est passé initialement, quand l'équipage a constaté des coupures électriques sur lesquelles nous reviendrons plus loin.

Si les contrôleurs malaisiens et vietnamiens y avaient pensé, ils auraient pu détecter la « trace primaire » du MH370 sur leurs écrans, mais on ne trouve que ce que l'on cherche...

Dans les heures qui suivent, les contrôleurs s'inquiéteront progressivement de plus en plus et contacteront tous les autres centres de contrôle des autres pays de la région (Singapour, Bangkok, Manille...) pour essayer de retrouver l'avion.

Les contrôleurs civils malaisiens n'ont pas alerté leurs autorités militaires car selon la définition de leurs rôles respectifs, ce sont les militaires qui viennent s'informer auprès des civils lorsqu'ils perçoivent quelque chose d'anormal, et pas le contraire.

Cela peut sembler curieux, mais c'est finalement très logique : la fonction première des contrôleurs aériens militaires est de gérer leurs propres opérations aériennes et de surveiller l'espace aérien national pour y détecter des menaces et y parer, alors que celles des contrôleurs civils est d'écouler le trafic commercial. Chacun son métier.

Si un avion qui ne suit pas son plan de vol devient une menace potentielle, c'est aux militaires de l'apprécier, pas aux civils (et inversement, si un avion s'égare sans présenter un risque d'un point de vue militaire, il n'attirera pas forcément l'attention des militaires, nous y reviendrons ultérieurement.

Afin d'éviter des bavures, les militaires vont contacter préalablement les civils pour vérifier si un avion qui leur pose problème est contrôlé par eux ou pas. La coordination est assurée par des officiers en poste dans chaque centre de contrôle civil afin de s'assurer que la situation de contrôle perçue par les contrôleurs civils est cohérente avec ce que voient les militaires.

Des moyens aériens militaires peuvent évidemment être utilisés dans le cadre d'opérations de recherche et sauvetage, mais ils sont mis en œuvre à l'initiative des autorités gouvernementales sous la responsabilité des Centres de Coordination de Recherche et Sauvetage et cela ne fait pas partie des missions premières de l'armée de l'air.

Ce n'est d'ailleurs qu'à 22h32 UTC que les recherches seront lancées avec l'activation du centre de Recherche et Sauvetage de Kuala Lumpur, donc cinq heures après la disparition de l'avion.

4.2.4 Les échanges entre l'avion et la compagnie

C'est un autre sujet d'étonnement pour le grand public.

Le Centre de Commandement des Opérations (CCO) de la compagnie Malaysia Airlines n'a été averti qu'au bout de quarante minutes par le centre de contrôle de Kuala Lumpur.

Contrairement à ce que peut laisser penser leur nom, les CCO des grandes compagnies aériennes ne contrôlent pas les vols au sens du suivi précis de leur trajectoire comme le font les centres de contrôle aérien des États, mais assurent la coordination de l'ensemble des opérations d'une flotte.

À tout moment, un équipage peut prendre contact par différents moyens de communication avec le CCO pour faire part de questions, d'événements à bord ou d'évolutions du déroulement du vol. Ces communications se font par liaison radio longue distance HF (souvent de mauvaise qualité) et plus récemment par les réseaux de téléphone satellites (SATCOM) qui se généralisent à bord des avions long-courriers. Sont également utilisés sur tous les types d'avion le système de communication ACARS (Aircraft Communications Addressing and Reporting System) avec des messages texte de type SMS.

Ce système ACARS s'appuient sur des réseaux privés dédiés aux opérations des compagnies aériennes (et non standardisés par l'OACI) qui sont gérés par deux compagnies internationales (ARINC, rachetée par Rockwell Collins et SITA) qui utilisent leurs moyens propres (des réseaux de stations terrestres opérant dans la bande VHF) en combinaison avec des services de télécommunication fournis par d'autres opérateurs, comme le système de communication satellitaire de la compagnie Inmarsat.

L'ACARS peut donc utiliser soit les liaisons VHF au-dessus des zones équipées, soit les réseaux satellites lorsque les stations VHF terrestres sont hors de portée. Les vols longs courriers comme le MH370 ont aujourd'hui tendance à toujours utiliser les liaisons satellites même lorsque la VHF est disponible.

À bord de l'avion, les messages sont rédigés et envoyés à partir d'un clavier alphanumérique et reçus sur une imprimante.

Lorsqu'elle existe au sein des CCO, la fonction de suivi (mais pas nécessairement de localisation des avions !) est associée à la fonction d'assistance aux vols. Selon la réglementation en vigueur, le suivi des avions n'est obligatoire que pour les vols transocéaniques ou transcontinentaux survolant des zones faiblement équipées en aérodromes convenant aux gros porteurs (c'est en particulier le cas de l'Afrique ou l'Amérique Latine) lorsque ces vols sont effectués par des avions équipés de seulement deux moteurs, pour qu'ils soient autorisés à voler jusqu'à une certaine distance maximale d'un aéroport de déroutement (cette exigence fait partie des normes de l'OACI dites ETOPS pour Extended-range Twin-engine Operation Performance Standards).

Les informations transmises alors sont relatives à l'état des moteurs et aux aéroports de déroutement, mais cette transmission via l'ACARS des informations moteurs n'est pas obligatoire réglementairement. C'est une possibilité que certaines compagnies choisissent. Et surtout, il n'y a aucune obligation réglementaire de transmission de la position.

À titre d'exemple, British Airways, Lufthansa et EasyJet n'assurent ni suivi, ni assistance à leurs vols long-courriers et moyen- courriers. Air France, Emirates et Alitalia assurent un suivi et une assistance pour les long-courriers seulement. Delta Airlines, United Airlines, Air Canada et KLM assurent un suivi et une assistance pour les longs et moyen-courriers.

La mise en place d'un CCO implique-t-elle systématiquement l'existence d'un suivi continu de la position des avions ? La réponse est non. Beaucoup de compagnies n'en voient pas l'intérêt économique, dès l'instant où les heures d'arrivée estimées sont connues (or, dès qu'un avion a décollé, le calculateur de bord sait estimer à quelques minutes près l'heure d'atterrissage, comme le montre les informations de suivi du vol proposées aux passagers sur la plupart des vols longs et moyen-courriers) et où les irrégularités et incidents éventuels à bord (retard à l'arrivée, passagers malades ou agités etc.) peuvent être signalées par les équipages via la radio, le téléphone ou la liaison ACARS.

Bien qu'ayant un CCO, en l'absence d'un suivi de l'avion et sans appel du pilote pour signaler un problème, Malaysia Airlines n'avait donc aucune raison de s'inquiéter !

En effet, les avions de ligne sont équipés d'une avionique numérique qui permet d'échanger des informations et de les traiter entre différents points à bord, et aussi avec le sol via des liaisons radio. Les moteurs qui les équipent sont eux aussi reliés au reste de l'avion et au sol via le système de surveillance de l'état des moteurs EHMS (Engine Health Monitoring System).

En cas d'anomalie en vol, lorsque les données sont transmises en temps réel, le centre de contrôle des opérations de la compagnie est alerté et peut décider de l'action de remédiation à effectuer, soit de façon urgente (avec des conséquences opérationnelles sur le vol en cours s'il y a déroutement), soit lors de l'escale suivante, soit plus tard, lors d'une prochaine opération de maintenance programmée, s'il n'y a pas de risque pour la sécurité.

Rolls Royce a développé des outils pour le suivi de ses moteurs et a même créé une filiale OSyS (Optimized Systems & Solutions) pour fournir un support à ses clients civils et militaires, mais ceci n'a rien à voir avec le suivi de la position des avions. Les autres constructeurs de moteurs (Safran, General Electric et Pratt & Whitney) offrent des services similaires.

Dans ce cadre, un nouveau message ACARS automatique aurait dû être envoyé par le MH370 via la liaison satellite à 17h37 UTC, car le contrat de suivi à distance du fonctionnement des moteurs qu'avait passé Malaysian Airlines avec le fabricant Rolls-Royce des moteurs de cet avion prévoyait l'envoi d'un message toutes les demi-heures.

Contrairement au précédent message de 17h07 UTC, ce second message n'a pas été émis.

Mais pour satisfaire aux normes ETOPS, les compagnies aériennes peuvent se contenter de stocker les messages donnant les paramètres moteurs pour les dépouiller avant le vol suivant. Ceci peut expliquer que l'absence de ce message n'ait pas été immédiatement remarquée au sein du CCO de la compagnie.

En revanche, on peut clairement mettre au débit de Malaysian Airlines la confusion initiale créée par le CCO sur la position de l'avion et son absence de réactivité dans la coordination avec le centre de contrôle aérien sans qu'il y ait de problème de distance ou de compréhension linguistique puisque dans cette phase tous les principaux acteurs étaient basés à Kuala Lumpur... et parlaient la même langue.

4.2.5 Les coupures des liaisons entre l'avion et le sol

Le système de liaison de données a donc également été coupé et ce de manière brutale: on sait qu'une interruption de fonctionnement de l'émetteur/récepteur couplé à l'antenne satellite (et appelé AES pour Airborne Earth Station) a eu lieu entre 17h07 UTC (heure de la dernière communication ACARS réalisée) et 18h03 UTC où une tentative de communication vers l'avion a échoué (une nouvelle tentative 90 secondes plus tard a également été infructueuse).

Puis le lien de communication avec la station sol de Perth dans le sud-ouest de l'Australie (appelée GES pour Ground Earth Station) via le même satellite géostationnaire couvrant tout l'Océan Indien a été rétabli à 18h25 UTC. Il s'agissait d'un redémarrage automatique de ce système et non pas d'un redémarrage lancé par une intervention humaine directe : l'antenne satellite et l'AES sont installées au-dessus de la cabine, près de la queue de l'avion, hors de portée d'une intervention humaine en cours de vol.

Cette unité de télécommunication satellitaire (qui comporte un ordinateur qui traite les paquets de données émises et reçues, un récepteur GPS et une antenne parabolique pointée en permanence vers le satellite) fonctionne de façon indépendante des ordinateurs qui l'utilisent, de la même façon que votre « Internet Box » reste sous tension et connectée au réseau, même lorsque votre ordinateur et votre télévision sont éteints.

Le plus probable, d'après les éléments dont nous disposons, est donc que tous les systèmes de communication ont été coupés simultanément entre 17h21 et 17h25 UTC puis que l'alimentation électrique a été rétablie ultérieurement, permettant ainsi à l'AES d'effectuer son redémarrage automatique à 18h25 UTC.

Les diverses applications (service ACARS, service de téléphonie vocale, application de suivi des moteurs...) qui utilisaient les liaisons satellites gérées par l'AES ne sont donc pas redevenus opérationnels pour autant: ni l'application envoyant à Rolls-Royce deux fois par heure des informations sur l'état des moteurs, ni la téléphonie passager n'ont recommencé à fonctionner après le redémarrage de l'AES (le fichier de tous les échanges réalisés via le satellite a été rendu public par Inmarsat et montre, par exemple, que deux appels téléphoniques en provenance de Malaisie, respectivement à 18h39 et 23h13 UTC n'ont pu aboutir).

4.2.6 Des moyens de communication préhistoriques

Il ne s'agit pas ici pour nous d'absoudre à toute force les différents acteurs malaisiens de leurs lenteurs et de leurs erreurs, mais de montrer qu'ils n'ont pas été aidés par les nombreuses faiblesses de leur environnement technique et opérationnel, faiblesses qui rendent le transport aérien trop vulnérable à des pannes ou à des actions malveillantes.

Contrairement à l'impression de très haute technicité que donne l'aviation, ses moyens de communication restent antédiluviens : alors que nous sommes à l'époque de la téléphonie mobile numérique, de l'Internet mondial et du chargement en ligne des vidéos, les réseaux techniques de l'aéronautique reposent encore sur des technologies totalement obsolètes : les radios VHF, qui restent le principal moyen de communication entre les pilotes et les contrôleurs, sont encore de vieux systèmes analogiques qui ne permettent ni l'authentification des correspondants ni la sécurisation des communications par des techniques modernes de cryptage.

Quant au système ACARS, c'est un standard dont la technologie remonte aux années 70 et dont l'architecture et les performances rendent inenvisageable la mise en place d'applications modernes de gestion du trafic aérien, comme des liaisons de données permettant un suivi en temps réel du déroulement des vols et le recueil d'information sur ce qui se passe à bord des avions, au bénéfice à la fois des compagnies aériennes et des autorités de l'aviation civile.

À chaque catastrophe aérienne, les autorités des pays concernés semblent redécouvrir l'absence d'un véritable suivi des avions par les compagnies exploitantes, les déficiences techniques et opérationnelles du contrôle aérien, et le manque de coordination entre les différents acteurs, mais sous la pression des compagnies aériennes qui craignent d'avoir à payer la facture des coûts de rééquipement de toutes leurs flottes, aucun programme d'envergure n'a été lancé pour pallier ces déficiences, alors qu'il faudrait déployer un réseau numérique véritablement mondial de type Internet, mais avec un niveau supérieur de qualité de service pour les échanges opérationnels les plus critiques en termes de sécurité des vols.

L'architecture d'un tel réseau appelé Aeronautical Telecommunication Network (ATN) a pourtant été définie dans les années 1990 et une norme technique a été alors adoptée par l'OACI. Des prototypes avaient été développés aux Etats-Unis et en Europe mais aucun déploiement opérationnel n'a jamais été entrepris.

La situation est devenue ubuesque, au point que sur certains aéroports, lorsque la VHF fonctionne mal, les pilotes appellent la tour de contrôle avec... leur téléphone mobile !

4.2.7 Pannes simultanées ou intervention humaine ?

Soit le transpondeur radar, la radio et la liaison satellite ont été coupés successivement et une intervention humaine est des millions de fois plus probable que trois pannes consécutives, soit ils ont été coupés au même moment par une action volontaire à bord ou par une panne généralisée d'alimentation électrique, elle même très peu probable. Le scénario d'une telle panne généralisée est rendu d'autant moins plausible par le redémarrage ultérieur de la liaison satellitaire.

Un tel arrêt simultané et durable du transpondeur radar, de la radio et de la liaison satellite ne peut provenir que d'une coupure globale de l'énergie électrique des deux côtés de l'avion, car les systèmes d'alimentation sont dédoublés : une partie des équipements est alimentée par un générateur associé au moteur gauche de l'avion et l'autre partie par un autre générateur indépendant du premier associé au moteur droit.

Sur tous les avions de ligne, les équipements les plus critiques comme la radio VHF sont doublés, voire triplés, et alimentés par des générateurs différents afin d'éviter qu'un mode commun de défaillance ne puisse apparaître au niveau de la disponibilité de l'énergie électrique nécessaire.

S'il s'agissait d'un simple incident technique, y compris d'une avarie sérieuse comme une panne d'un des moteurs entraînant l'arrêt du générateur électrique correspondant, on conçoit que les pilotes fassent demi-tour (car les avions soumis aux normes ETOPS sont capables de continuer de voler au moins une heure sur un seul moteur) mais on s'attendrait à ce qu'après un certain laps de temps, les pilotes contactent le contrôle aérien sur une autre radio, alimentée par l'autre générateur, car puisque l'avion continue à voler, c'est qu'au moins l'un des deux moteurs fonctionne !

Une situation où les deux générateurs électriques principaux tomberaient en panne simultanément est hautement improbable ; néanmoins, dans une telle situation, un système auxiliaire de secours (dénommé Auxiliary Power Unit ou APU) permettrait encore de maintenir en fonctionnement des moyens minimaux de navigation, et au pire l'équipage aurait encore eu la ressource de déclencher les balises de recherche et sauvetage elles aussi munies de leur propre batterie, afin de faciliter la localisation de l'avion supposé en perdition.

Or rien de tel n'a été observé, aucune alerte d'aucune sorte n'a été lancée par l'équipage, et l'avion a continué de voler incommunicado pendant près de six heures !

L'emplacement précis de l'arrêt des communications dans la zone de transition entre les FIR de Kuala Lumpur et d'Ho-Chi-Minh-Ville ne peut d'ailleurs qu'accroître les soupçons quant à une action volontaire soigneusement planifiée: comme nous l'avons décrit plus haut, c'est précisément le genre d'endroit où un certain flottement peut exister durant la phase de transfert de responsabilité et de coordination du suivi de l'avion entre les différents centres de contrôle, et, de fait, **il s'écoule près de vingt minutes entre l'arrêt de tous les systèmes de**

communication air-sol et la première réaction du contrôleur vietnamien.

Il a pu se passer bien des choses à bord de l'avion pendant ce gros quart d'heure...

À nos yeux, il ne fait donc aucun doute que ce vol a fait l'objet d'un détournement réalisé par des personnes connaissant remarquablement bien le fonctionnement du contrôle du trafic aérien dans la région et sachant en exploiter les moindres marges d'incertitude. Notons au passage que pour couper simultanément tous les moyens de communication, y compris la liaison satellite de bas niveau entre l'AES et la GES, il n'y a que deux possibilités : l'actionnement de coupe-circuits dans la partie de la soute contenant l'électronique de bord ou bien un démontage (complexe à réaliser) de la circuiterie électrique correspondante au niveau du cockpit, pour mettre hors tension les bus d'alimentation électrique.

Pourtant, malgré l'interruption totale des communications et de la surveillance secondaire, les spécialistes qui ont étudié le dossier ont pu reconstituer certains éléments du trajet subséquent du MH370 devenu vaisseau-fantôme à partir de deux sources d'information :

a) les traces fournies par les radars primaires malaisiens,

b) les échanges automatiques de maintien de la liaison satellite.

Ce sont ces deux sources d'information que nous allons maintenant présenter et analyser.

4.3 La trajectoire connue hors plan de vol

Malgré la perte des informations de localisation par les radars secondaires, il subsistait sur les écrans des contrôleurs civils une trace du vol MH370 sous forme de plots primaires dont nous avons expliqué précédemment pourquoi ils n'avaient pas su assez rapidement les remarquer et les interpréter.

Mais l'avion était aussi et surtout présent sur les enregistrements des radars militaires, dont les informations ont permis a posteriori de reconstituer précisément une petite partie de sa trajectoire ultérieure, et cette information a été incluse dans le rapport officiel de la Malaisie.

4.3.1 La surveillance militaire de l'espace aérien

En ce qui concerne la défense du territoire, comme on l'a vu, le système civil de contrôle du trafic aérien assure la police des frontières de l'air et les militaires de la défense aérienne font a priori confiance aux contrôleurs civils pour assurer l'identification de tous les avions entrants.

La coordination civile-militaire implantée au sein des centres de contrôle civils permet de lever rapidement toute ambigüité lorsque la situation aérienne observée par les militaires suscite des inquiétudes en termes de risque pour la sûreté du territoire.

Depuis les attentats du 11-septembre, faire décoller la chasse pour intercepter des avions entrant dans l'espace aérien national sans dépôt préalable d'un plan de vol et/ou sans prise contact par radio avec le contrôle aérien civil, est devenu un exercice de routine.

De plus, dans de nombreux pays, la défense aérienne militaire dispose, indépendamment des radars civils, de radars primaires qui sont plus performants que les radars civils. Des antennes à balayage électronique dites 3D (pour trois dimensions) permettent par exemple de déterminer avec précision l'altitude de la cible.

À notre connaissance, il n'existe pas de moyens automatiques de détection des intrus. Ce sont des opérateurs humains qui surveillent des écrans... sur lesquels, la plus grande partie du temps, il ne se passe... rien. Cette fonction est donc peu motivante.

Au cas où l'opérateur détecte un possible intrus, le contrôle militaire peut se coordonner avec le contrôle civil pour lever le doute sur son identification. Si le doute persiste, les armées de l'air importantes ont un système de réaction rapide constituée d’un ou plusieurs avions en alerte permanente dont le décollage peut être décidé par le centre des opérations militaires, à partir de l'information fournie par l'opérateur de surveillance.

En France, les avions Rafale basés à Istres décollent plusieurs fois par mois pour aller vérifier de près l'identité d'intrus supposés et les obliger à atterrir si nécessaire.

On peut faire l'hypothèse que la Malaisie dispose des moyens, y compris en avions d'interception, et qu’elle a défini des procédures ad hoc, mais lancer une interception n'est pas une mince affaire ... surtout de nuit !

4.3.2 Le suivi de l'avion par les radars militaires

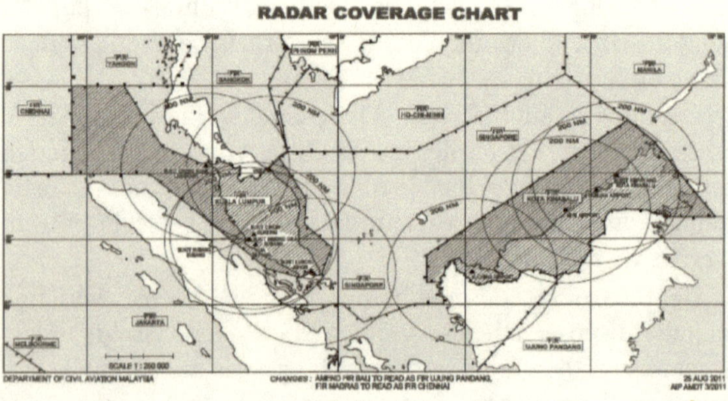

Source: DCA Malaysia

Figure 1.1H - Radar Coverage Chart of Kuala Lumpur and Kota Kinabalu Flight Information Regions

La couverture des radars malaisiens

Les « altitudes » détectées par les radars primaires ont suscité une certaine controverse.

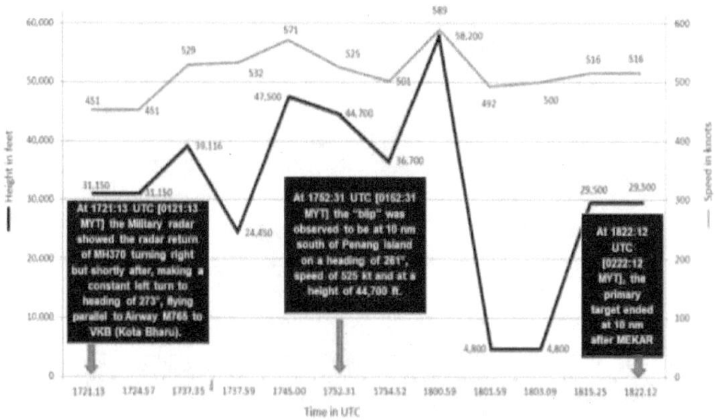

Figure 1.1B - Profile Chart of Data from Malaysian Military Radar (not to scale).

Altitudes détectées par les radars militaires malaisiens.

Une étude internationale a montré que l'équipement radar malaisien n'avait pas été calibré avec suffisamment de précision pour que les relevés soient exacts. Bien que de nombreux radars militaires puissent détecter l'altitude et fournir des relevés précis de la position, de la vitesse et de la direction d'un avion, l'équipement doit être recalibré régulièrement et soigneusement en fonction des conditions atmosphériques locales

« Les données radar primaires relatives à l'altitude sont considérées comme peu fiables », a déclaré Angus Houston, directeur du Centre conjoint de coordination des recherches.

Cependant, on peut être certain d'une trajectoire horizontale en deux parties : une première avec de petits virages irréguliers le long de la frontière entre la Malaisie et la Thaïlande, jusqu'à ce que l'avion rejoigne la voie aérienne N570, puis une ligne droite.

Cela peut s'expliquer par les capacités de pilotage de l'avion, comme l'explique le paragraphe suivant : Un vol sans alimentation électrique « normale » mais avec une puissance de secours minimale

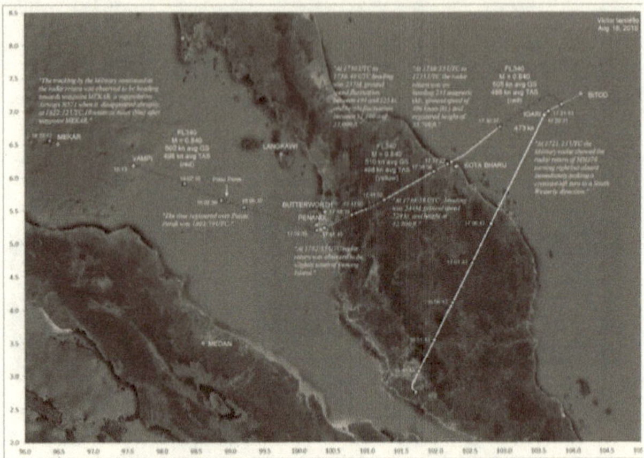

Figure 1. Summary of Radar Data

La trajectoire reconstituée par les informations radars primaires

Beaucoup a été dit sur le manque de réaction de l'armée de l'air malaisienne, notamment par Tim Clark, Directeur Général de la compagnie aérienne Emirates, qui a été le plus violemment critique sur ce point. La Malaisie s'est faiblement défendue sur le sujet, sans doute par souci de ne pas révéler les performances exactes ni les failles de son système militaire de surveillance.

On peut facilement imaginer une première explication très simple : les contrôleurs radar somnolaient à leur poste, et ils n'ont pas vu cet avion...

On peut par ailleurs observer des trous dans le suivi de l'avion par les radars primaires de Kota Bharu et du centre en route de Kuala Lumpur. Ceci peut s'expliquer par des confusions avec d'autres avions qui circulaient dans la zone, et on conçoit que les Malaisiens ne souhaitent pas s'étendre en détail sur les dysfonctionnements de leur système de pistage. Quand l'avion est perdu, puis retrouvé après plusieurs dizaines de secondes voire plusieurs minutes, le radar lui attribue un nouveau numéro d'identification, il n'est donc pas évident de se rendre compte en temps réel qu'il s'agit en fait d'un seul et même avion.

De plus les radars primaires livrent séparément des données brutes et le rapport officiel semble admettre implicitement que le système centralisé de traitement de ces données n'assurait pas correctement en temps réel la fusion des cibles détectées par plusieurs radars primaires.

Une autre explication compatible avec ce qu'est la mission de surveillance des militaires, est qu'ils ont observé cet avion, mais qu'ils ont décidé, au vu de son altitude de croisière, de sa vitesse, et de sa trajectoire sur la B219 en direction de Penang puis sur la N571 qu'il devait s'agir d'un avion civil en panne de transpondeur mais ne représentant pas une menace, et du coup, ils n'ont pas activé la coordination civile-militaire, seul outil qui leur aurait permis de découvrir sur-le-champ la vérité.

Ceci expliquerait l'étrangeté de cette partie de la trajectoire, confirmant au passage que le détournement du vol était très bien préparé et fondé sur une connaissance très approfondie des us et coutumes du contrôle aérien tant civil que militaire.

Ceci pourrait aussi expliquer pourquoi les autorités malaisiennes ont continué à laisser effectuer les recherches en Mer de Chine, ce qui a été pris pour de l'incompétence, voire de la dissimulation, puisqu'ils auraient dû se rendre compte que le vol MH370 était parti de l'autre côté.

Mais à ce moment, les Malaisiens ne le savaient tout simplement pas, car personne n'avait encore réalisé que l'avion tant recherché avait opéré un demi-tour. Le rapport officiel ne donne aucune information sur le moment auquel les Malaisiens ont eu l'idée de traiter avec des logiciels de rejeu (permettant de visualiser une situation aérienne passée) leurs enregistrements de radars primaires.

Cela a donc dû prendre du temps, et ce n'est qu'après avoir vérifié toute cette information le mieux possible que les Malaisiens se sont décidés à l'annoncer, ce qui est confirmé par les entretiens avec les autorités malaisiennes retranscrits dans son ouvrage par Richard Quest.

À supposer qu'ils ne dormaient pas et que leurs radars étaient opérationnels cette nuit-là, les militaires thaïlandais et indonésiens ont également dû voir cet avion, mais tant qu'il circulait sur des routes connues dans la FIR de Kuala Lumpur, parallèlement aux frontières et sans se diriger vers leur espace national, ils n'avaient aucune raison particulière de s'en préoccuper.

Contrairement à la Malaisie, ces deux pays n'ont donné d'information que sur les données issues de leurs radars civils respectivement installés à Bangkok et Medan, et ont simplement confirmé que leurs contrôleurs n'avaient pas remarqué cet avion, ce qui est normal, puisqu'il n'était pas dans leur espace de responsabilité et ne comportait aucune information secondaire permettant de l'identifier.

4.3.3 Détection d'un signal de téléphone portable

Un signal de « bornage » a été détecté le 8 mars 2014 à 1 h 52 min 27 s (heure locale), provenant de la tour de téléphonie mobile (station de base de localisation LBS) de Bandar Baru Farlim, Penang. Cependant, aucune communication n'a été enregistrée, confirmant qu'il s'agissait bien du signal « activé ». Le numéro de téléphone a ensuite été identifié comme celui enregistré par le copilote.

Ce signal de téléphone portable a été détecté alors que l'avion quittait la Malaisie continentale.

Le rapport officiel indique que *les tests ont révélé des difficultés à maintenir une connexion téléphonique stable au-dessus de 2 400 mètres.* Cependant, une marque de téléphone a pu passer un appel à 6 000 mètres et il existe de nombreux cas de connexion avec des téléphones portables à haute altitude.

Il n'existe aucune preuve qu'une tentative ait été faite pour récupérer tous les numéros de téléphone portable des passagers et des membres d'équipage et pour interroger les différents opérateurs.

Donc « officiellement », pendant une heure après la disparition, il n’y a eu aucune communication verbale entre l’air et le sol et la communication numérique était impossible...mais.

4.3.4 Un vol sans alimentation électrique « normale »

Il y a eu une réinitialisation de la connexion à l'initiative du système embarqué (AES) quand le courant a été rétabli.

L'alimentation électrique d'un avion comme le Boeing 777 est extrêmement complexe, avec tous ses systèmes de redondance et de délestage. La solution la plus simple pour priver l'avion d'électricité est de la couper dans le cockpit.

Couper l'électricité est risqué, mais n'a-t-on pas dit que c'était jouer à la roulette russe, volant probablement tous feux éteints et contournant le contrôle aérien ?

Si les générateurs principaux et de secours, ainsi que le générateur auxiliaire, sont coupés, la turbine à air dynamique (RAT) de l'avion se déploie automatiquement pour fournir un minimum d'électricité – en plus de la batterie principale – et de la pression hydraulique. C'est ce qu'on appelle la puissance de secours.

Ram Air Turbine (RAT)

L'alimentation de secours est suffisante pour assurer les fonctions vitales, notamment le maintien de la température et de la pression dans la cabine et le cockpit. Bien que certains scénarios l'évoquent, rien ne prouve que le pilote ait dépressurisé l'avion pour tuer les passagers.

Quoi qu'il en soit, cette RAT permet de voler sans assistance des ordinateurs de bord .

Les capacités de gestion de l'avion rendent le vol presque manuel, ce qui peut expliquer la partie erratique du vol.

À noter qu'en décembre 2018, un avion de LATAM a subi une panne électrique totale. Au bout d'une heure, les pilotes ont réussi à atterrir grâce à la RAT, qui a fourni le minimum d'énergie nécessaire au vol.

Propulsé par la RAT, tous feux éteints et après un virage plutôt audacieux, l'avion a longé la frontière entre la Malaisie et la Thaïlande, afin de ne pas attirer l'attention des militaires. (La Thaïlande a admis par la suite avoir aperçu l'avion, mais, ne semblant pas constituer une menace, elle n'a pas réagi) ... et c'est réussi !

L'avion a ensuite pris la direction du nord-ouest au-dessus de Penang, le long d'une voie aérienne, la N571, au-dessus du détroit de Malacca, un lieu de navigation remarquablement fréquenté. À cette heure-là, le trafic aérien est encore important, principalement en provenance d'Australie et de Singapour et à destination de l'Europe occidentale, et, avec du trafic dans l'autre sens.

L'avion s'est dissimulé dans le trafic, mais à un moment donné, l'équipage a dû rétablir l'alimentation électrique.

Cela est certain, car le système de communication INMARSAT a été redémarré. Même si certains ont mis en doute les traces radar ou imaginé une usurpation d'identité, c'est bien le MH370 qui était là, et qui a suivi cette route. Les enregistrements INMARSAT contiennent un identifiant qui permet d'en être sûr.

En effet, en septembre 2020, un avion espion américain a usurpé l'identité d'un vol de Malaysia Airlines au-dessus de la mer de Chine, grâce à l'envoi d'un code par son transpondeur au radar secondaire. C'est relativement facile à réaliser par ce moyen, mais beaucoup plus difficile avec les communications par satellite, plus sophistiquées.

En résumé, il s'agissait bien du vol MH370 et un équipage expérimenté a joué à la roulette russe.

4.4 Les deux premières zones de recherche

L'alerte a été déclenchée avec 4 heures de retard, après la disparition à 1h19 du matin en heure locale, dû au cafouillage ente le CCO de Malaysian Airlines et le contrôle du trafic aérien malaysien.

Les recherches ont débuté, immédiatement, fondées sur la perte de communication et donc l'hypothèse **normale** que l'avion avait continué sa route directe au-dessus de la Mer de Chine, puis la découverte **des informations provenant des radars militaires,**

4.4.1 Les premières zones de recherche avec des moyens impressionnants.

Le but était, avec des bateaux et des avions, d'essayer de localiser des débris et de détecter les signaux des balises de détresse.

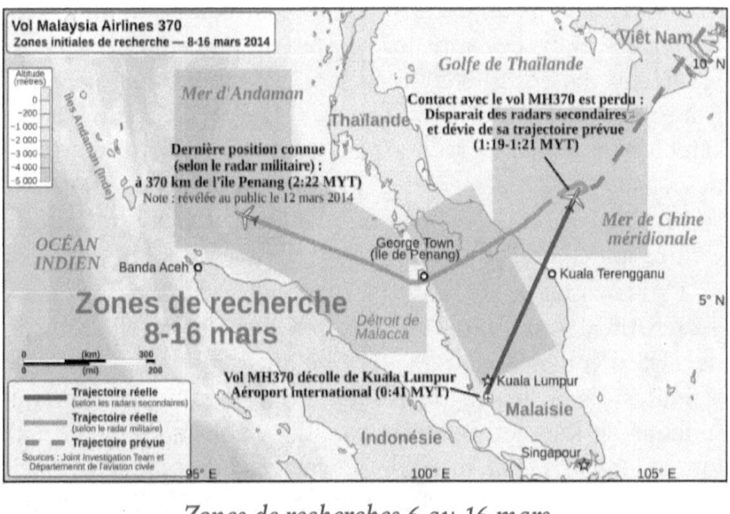

Zones de recherches 6 au 16 mars

En date du 10 mars, une dizaine de pays ont affecté 37 avions et 43 navires aux recherches, y compris **la Chine, qui envoie ses navires de guerre à la recherche de débris du vol, et la flotte navale américaine, qui détache des unités vers cette zone périphérique au rayon de recherche, comprenant de nombreuses petites îles inhabitées**.

Le 12 mars, la Chine annonce avoir détecté, sur une image satellite datant du 9 mars, trois objets flottants groupés sur la mer à un endroit qui correspond à la zone où le contact avec le vol a été perdu, **les autorités vietnamiennes annoncent le lendemain n'avoir trouvé aucune trace de l'appareil sur place**.

4.4.2 Recherches par satellites

Dès les premiers jours de la disparition de l'avion, la Chine fait appel à l'aide d'autres pays dans le cadre de la Charte internationale Espace et catastrophes majeures.

Le 11 mars, les pays adhérents à la Charte acceptent la demande d'aide bien qu'ils estiment « que cette disparition d'avion ne constituait pas une catastrophe telle que définie par la Charte, telle qu'un ouragan, un tsunami ou un tremblement de Terre ». Dans ce cadre, les équipes du ministère français de la Défense basées à Creil analysent les données des satellites français Spot-5, Spot-6 et Pléiades 1A et Pléiades 1B. Les satellites optiques et radars placés en orbite basse détectent des objets flottants « en trop grande quantité pour que cela soit normal », selon l'expression de Marc Pircher, directeur du Centre spatial de Toulouse.

L'Allemagne a de son côté mobilisé le satellite radar TerraSAR-X. Aux États-Unis, DigitalGlobe, le partenaire privé de l'US Geological Survey (USGS) met en œuvre ses cinq satellites (46 à 82 cm de résolution) couvrant plus de trois millions de kilomètres carrés par jour par bandes de 11 à 18 km de large. Le traitement de ces images est confié à sa filiale Tomnod, plateforme participative permettant à 2,5 millions d'internautes de scruter les images collectées à la recherche de débris.

De son côté, la Chine annonce aussi la mise en œuvre de vingt-et-un satellites **mais une première image prise le 9 mars en mer de Chine du Sud s'avère être une fausse piste.**

Commentaire

De nos jours, certains complotistes continuent à croire que l'épave est en Mer de Chine, car le MH370 aurait été descendu par les services secrets américains pour différentes raisons.

L'envoi de navires de guerre par la Chine et les USA n'est peut-être qu'un aspect de la confrontation entre ces deux pays et qui n'a fait que s'amplifier et n'a rien à voir avec l'idée des USA de récupérer des débris avant la Chine

4.5 La transition entre les données radar et les données INMARSAT.

D'après les travaux de l'Independant group :

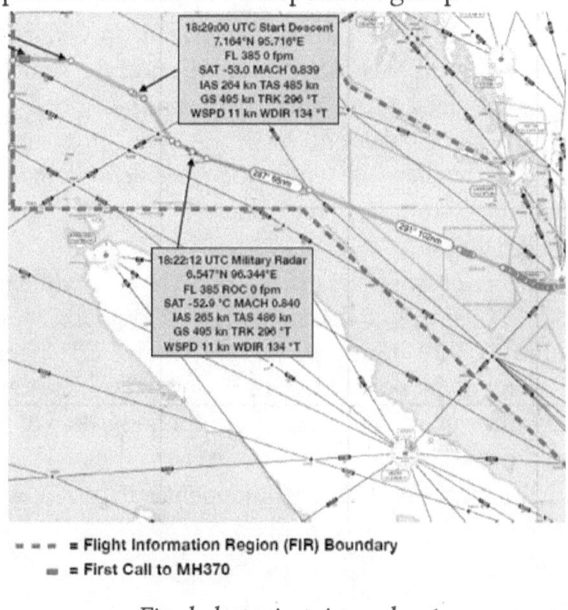

Fin de la trajectoire radar 1

En rouge, le moment et le lieu du premier ping d'Inmarsat, au moment où l'électricité a été rétablie.

Avant, dans la trajectoire, on voit une espèce de baïonnette.

Avec le transpondeur coupé, le système de TCAS (Le Traffic Alert and Collision Avoidance System (en français : « système d'alerte de trafic et d'évitement de collision ») ne fonctionne pas. Cela évite qu'un avion venant en sens inverse ne détecte le MH370 en venant à proximité, en revanche le pilote du MH370 doit éviter à vue un avion venant en sens inverse.

Heureusement que la nuit était claire.

Cette baïonnette de la trajectoire du MH370 est, vraisemblablement, due à un tel évitement. C'est une autre preuve du risque pris par le commandant de bord.

4.6 Observation par un témoin oculaire : Kate Tee

Le 7 mars 2014, Kate Tee se trouvait sur un voilier au sud-est de l'île de Grand Nicobar et au nord-ouest de Sumatra. Elle a signalé avoir aperçu un gros avion venant du nord, volant à une altitude anormalement basse. À peu près au même moment, le voilier a empanné accidentellement. Cet empannage et la trajectoire du voilier ont été enregistrés par le système GPS du bord.

La figure ci-dessous illustre la trajectoire du vol MH370 à 18 :55 :57 UTC, ainsi que la trajectoire GPS du voilier toutes les cinq minutes de 18 :25 UTC à 19 :25 UTC, et plus particulièrement la position à 18 :55 :45 UTC. La trajectoire GPS du voilier et la trajectoire hypothétique du vol MH370 semblent coïncider.

NOPEK est un point de cheminement sur la voie aérienne P574

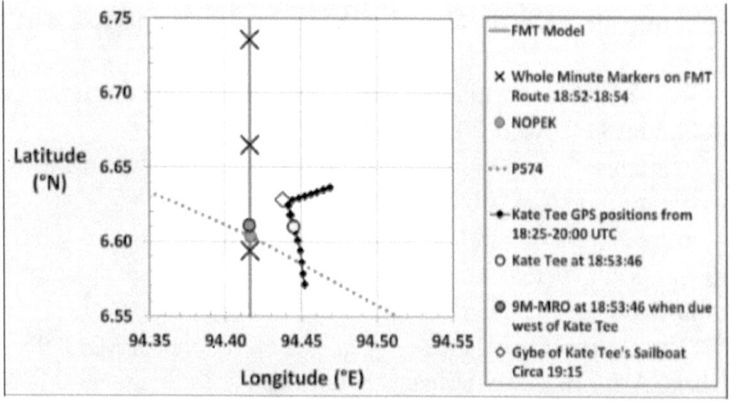

Position de Kate Tee par rapport au MH370

On peut donc dire que depuis le départ de Kuala Lumpur jusqu'au nord-ouest de Sumatra la trajectoire du MH370 est connue de façon assez précise.

Le Commandant de bord a réussi à ne pas être repéré.

Sans les données Inmarsat, cette trajectoire aurait pu s'arrêter là et le mystère aurait été encore plus grand.

4.7 Les données Inmarsat

Les recherches se sont poursuivies plusieurs jours à proximité de la Malaisie, d'abord dans le Golfe de Thaïlande et la Mer de Chine, puis dans le détroit de Malacca et du côté des Maldives, une fois que le demi-tour effectué par l'avion, puis son trajet sur la route N571 avait été découvert et pris en compte.

Puis une rumeur, apparue d'abord dans le Wall Street Journal, s'est répandue comme une traînée de poudre : l'avion avait continué de voler pendant six heures après l'interruption des communications !

Alors que tout le monde imaginait jusque-là qu'un accident s'était produit et que l'avion avait disparu quelque part en mer très peu de temps après la panne de l'ensemble de ses systèmes de télécommunication, la société Inmarsat a confirmé avoir continué de recevoir des messages de l'avion jusqu'à 0h19 UTC.

Les données satellitaires sur le vol MH370 ont été rendues publiques **le 27 mai 2014.**

L'analyse technique a été publiée dans le Journal of Navigation, **le 7 octobre 2014.**

https://www.cambridge.org/core/journals/journal-of-navigation/article/search-for-mh370/D2D1C4C99E7BFDE35841CFD70081114A

The Search for MH370 (« À la recherche du vol MH370 »), Chris Ashton, Alan Shuster Bruce, Gary Colledge et Mark Dickinson.

Les communications par satellite sont extrêmement sophistiquées et leurs processus sont comparables à ceux de nos téléphones portables.

Lorsque vous retirez la batterie d'un téléphone portable, le réseau ne sait pas où il se trouve. En revanche, si vous éteignez votre téléphone normalement, puis le rallumez, le réseau le saura. Ainsi, même si aucune communication n'est établie, même si nous n'envoyons pas de messages, l'opérateur peut le localiser. On dit alors que le téléphone est « borné ».

C'est exactement ce qui s'est passé avec le vol MH370. La différence est que la communication passe par un satellite au lieu d'une antenne terrestre. Ce satellite est situé à une altitude de 36 000 kilomètres. Il faut savoir que le satellite, supposé géostationnaire, se déplace en réalité comme l'avion, et que même si les ondes se propagent à la vitesse de la lumière, un système embarqué est nécessaire pour compenser ces mouvements et optimiser les communications.

Ces compensations indispensables aux communications par satellite n'ont pas été inventées pour le vol MH370 (comme le laissent entendre certaines théories du complot), mais après la disparition du vol Air France 447 entre Rio et Paris, INMARSAT avait décidé d'enregistrer les erreurs de compensation. C'est grâce à ces informations que, pour la première fois, les experts d'INMARSAT ont pu les analyser pour tenter de retrouver la trajectoire de l'avion lors de la disparition du MH370.

L'équipe d'INMARSAT (et en particulier Mark Dickinson) a accompli un travail remarquable en seulement huit mois.

4.7.1 Burst Time Offset (BTO)

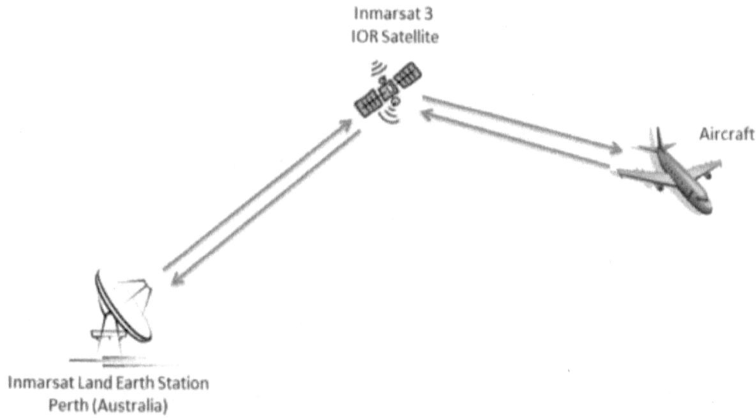

Source: Inmarsat

Illustration des BTO

Grâce au temps de transmission et au temps de traitement du signal, il est possible de déterminer la distance satellite-avion. Les positions possibles de l'avion au moment de l'enregistrement de la communication sont représentées par des cercles à la surface de la Terre.

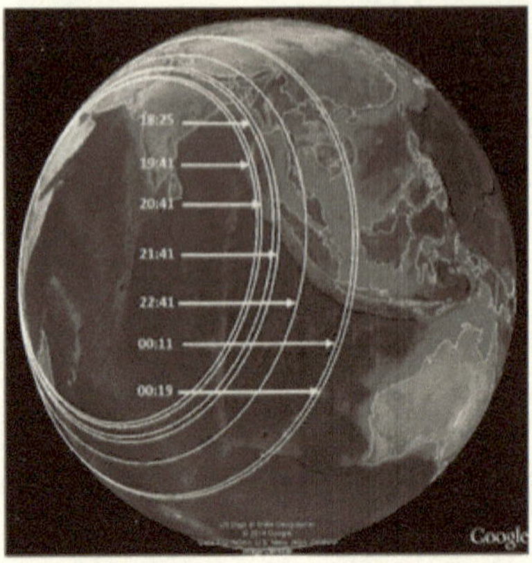

Projections des distances sur la terre 1

Lorsque l'alimentation électrique a été rétablie, le système de communication par satellite embarqué s'est reconnecté au réseau. L'avion se trouvait donc quelque part sur un cercle correspondant à l'heure 18 h 25.

Ensuite, environ toutes les heures, des messages de service étaient échangés entre le satellite et l'avion pour s'assurer que la connexion était toujours active. Ainsi, toutes les heures, nous savons que l'avion a franchi ces cercles. À la fin de la trajectoire de vol, à 0h19 l'avion a envoyé un dernier message de connexion.

4.7.2 Burst Frequency Offset (BFO)

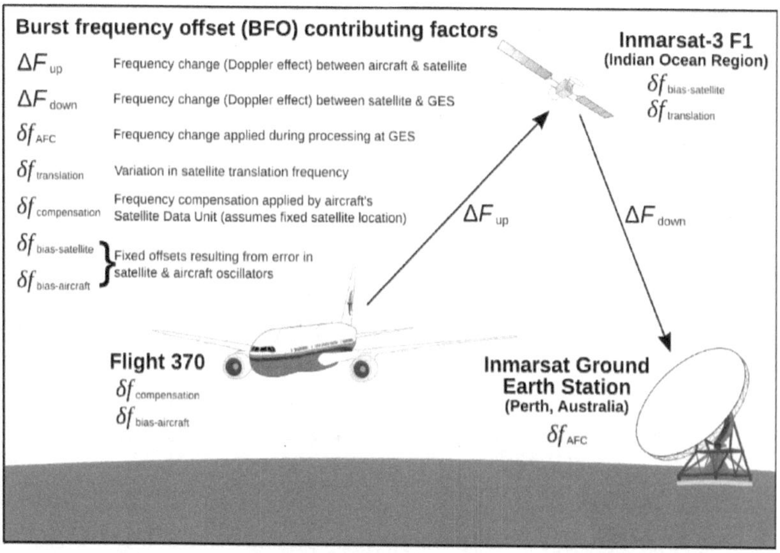

Les paramètres des BFO

BFO : Le décalage de fréquence dû à l'effet Doppler dépend de six paramètres.

BFO = ΔFup + ΔFdown + δfcomp + δfsat + δfAFC + δfbias

Parmi les six composantes du BFO, deux dépendent de la position et de la vitesse de l'avion.

ΔFup dépend des coordonnées x, y, z, vx, vy, vz de l'avion et du satellite, qui se déplace également.

δfAFC dépend des coordonnées x, y, z, vx, vy, vz de l'avion et d'un satellite fictif fixe.

Chacun peut utiliser une version améliorée d'un tableur (SK999-Satellite Model - Yap Fook Fah) développé par Yap Fook Fah, Associate Professor of engineering at Nanyang Technological University, Singapore.

Ce tableur permet de calculer les BTO et les BFO en saisissant les six composantes de la position et de la vitesse d'un avion à un instant donné (temps de passage aux arcs).

Si la valeur du BFO calculé diffère de moins de 7 Hz de celle mesurée par INMARSAT (incertitude résultant de l'analyse

INMARSAT à partir des enregistrements d'autres vols), la position et la vitesse de l'avion sont considérées comme compatibles avec les données enregistrées

Si cela est vrai pour tous les enregistrements BTO et BFO, compte tenu de l'incertitude, la trajectoire est plausible.

Donc, les BTO et les BFO ne permettent pas de calculer les positions et les vitesses de l'avion, mais permettent de déterminer si une trajectoire basée sur des considérations opérationnelles et techniques est plausible

Cependant, les marges d'incertitudes sur les valeurs des BFO et la multiplicité des combinaisons cap-vitesse envisageables font que l'hypothèse retenue par les autorités australiennes de l'Australian Transport Safety Board (ATSB) et les experts d'Inmarsat pour orienter les recherches n'est pas la seule possible.

D'ailleurs, comme écrit dans le rapport d'INMARSAT, il existe des milliers de trajectoires plausibles possibles.

Pour l'instant, tout ce qu'il est possible d'affirmer est que la dernière position de l'avion se situe aux environs du fameux septième et dernier arc de 0h19 UTC, soit une ligne courbe démarrant dans l'Océan Indien au sud de l'île de Java, puis descendant vers le sud largement à l'ouest de la côte ouest de l'Australie pour finalement s'infléchir vers le sud-ouest

C'est dans cette zone australe, la plus éloignée de toute terre habitée, que les autorités australiennes ont décidé de conduire en priorité leurs recherches de l'épave du MH370 en utilisant de coûteux moyens sous-marins pour explorer ces grandes profondeurs très mal connues.

5. Les nouvelles zones de recherche

Résumé

1. Les recherches en surface ont eu lieu du **17 mars 2014 au 28 avril 2014.**

2. Les recherches des balises par localisation sous-marine ont eu lieu en **avril 2014**

3. Les relevés sonar des fonds marins ont commencé le **14 avril 2014** et se sont arrêtés **le 28 mai 2014.**

4. Les relevés bathymétriques ont commencé en le **21 mai 2014** et se sont arrêtés **le 21 septembre 2014.**

5. Les données satellitaires sur le vol MH370 ont été rendues publiques **le 27 mai 2014** et l'analyse technique d'Inmarsat a été publiée le **7 octobre 2014**. Ce sont elles, qui ont orienté les recherches sous-marines vers le sud.

6. Les recherches sous-marines ont commencé **le 6 octobre 2014** et se sont arrêtées **le 20 juin 2015**

Ce furent les deux premières recherches sous-marines payées et infructueuses dans cette zone choisie avec une trajectoire plein sud et un avion non piloté, avec

- **le navire GO Phoenix,** propriété de la société australienne GO Marine Group
- **3 navires** propriété de la société d'ingénierie néerlandaise **Fugro**

1. **Le 15 décembre 2016, le navire Fugro Equator** a entrepris une dernière opération.

2. Le 17 janvier 2017, le navire Fugro Equator a quitté la

zone de recherche après avoir terminé la recherche de l'ensemble de la zone de recherche sous-marine de 120 000 km2 (46 000 milles carrés)
3. Ce fut la troisième recherche sous-marine infructueuse.

5.1 Nouvelles zones de recherche dans l'est de l'Océan Indien avec des moyens encore plus impressionnants

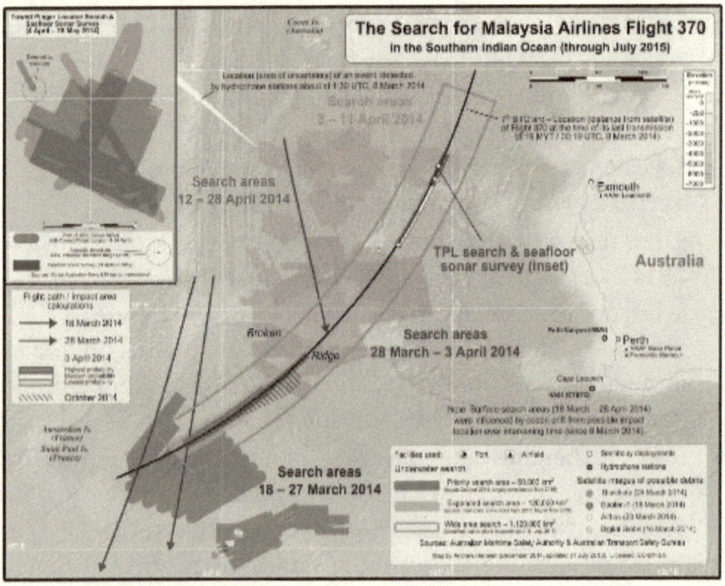

5.1.1 Recherches en surface du 17 mars 2014 au 28 avril.2014

Le 17 mars, l'Australie a accepté de diriger les recherches dans la zone sud, de Sumatra au sud de l'océan Indien. Les recherches seraient coordonnées par l'Autorité australienne de sécurité maritime (AMSA), sur une zone de 600 000 km² (230

000 miles carrés) entre l'Australie et les îles Kerguelen, situées à plus de 3 000 kilomètres (1 900 miles) au sud-ouest de Perth. Ces recherches seraient menées par des navires et des avions australiens, néo-zélandais et américains.

Cette zone isolée, que le Premier ministre australien Tony Abbott a décrite comme « aussi proche de nulle part qu'il soit possible de l'être », est réputée pour ses vents violents, son climat inhospitalier, ses mers hostiles et ses fonds marins profonds.

Le 18 mars, les recherches ont débuté avec un seul avion P-3 Orion de la Royal Australian Air Force.

Le 19 mars, la capacité de recherche a été portée à trois avions et trois navires marchands. L Des données satellitaires sur vol MH370 rendues publiques a zone de recherche révisée de 305 000 kilomètres carrés (118 000 milles carrés) se trouvait à environ 2 600 kilomètres (1 600 milles) au sud-ouest de Perth.[91].

Les efforts de recherche se sont intensifiés **le 20 mars**, après que de gros débris potentiels eurent été photographiés dans cette zone quatre jours plus tôt par un satellite. L'Australie, le Royaume-Uni, les États-Unis, la Chine, le Japon, la Nouvelle-Zélande et la Corée du Sud ont affecté des navires et des avions militaires et civils aux recherches.

La Chine a publié le **22 mars** des images du satellite Gaofen 1 montrant de gros débris à environ 120 km (75 milles) au sud-ouest de l'observation précédente. Le même jour, le HMAS Success est devenu le premier navire de guerre à atteindre la zone de recherche.

Le 26 mars, des images satellites françaises ont signalé la présence de 122 objets flottants dans le sud de l'océan Indien. Des images satellites thaïlandaises publiées le 27 mars ont révélé la présence d'environ 300 objets flottants à environ 200 km de la zone cible des satellites français. **Ces nombreuses découvertes, dont aucune n'a été confirmée comme provenant du vol, ont mis en évidence le manque de surveillance de la zone et les quantités considérables de débris marins jonchant les océans.**

Le 28 mars, des estimations révisées de la trajectoire radar et du niveau de carburant restant de l'avion ont conduit à déplacer les recherches à 1 100 kilomètres au nord-est de la zone précédente, vers une nouvelle zone de recherche de 319 000 kilomètres carrés, soit environ 1 850 kilomètres à l'ouest de Perth. Cette zone de recherche bénéficiait de conditions météorologiques plus favorables.

Le 30 mars, quatre gros objets orange découverts par des avions de recherche, décrits par les médias comme « la piste la plus prometteuse à ce jour », **se sont avérés être du matériel de pêche.**

Le 2 avril, le navire hydrographique HMS Echo et le sous-marin HMS Tireless de la Royal Navy sont arrivés sur zone. Le HMS Echo a immédiatement commencé à rechercher les balises de localisation sous-marines (ULB) de l'avion, **fixées sur les enregistreurs de vol « boîtes noires », dont les batteries devaient expirer vers le 7 avril.**

Le 4 avril, la zone de recherche a été déplacée plus au nord.

Le 28 avril, la zone de recherche dérivée (encadrée en gris) s'étendait sur plus de 2 500 km (1 600 mi). Les points indiquent les emplacements probables des débris le 28 avril, d'après un point d'éclaboussement dans les zones A-B (encadrée en bleu).

Les recherches en surface ont pris fin le **28 avril.**

Lors d'une conférence de presse, le Premier ministre australien Tony Abbott a indiqué que les débris auraient probablement été gorgés d'eau et auraient coulé, et que les avions impliqués dans les recherches en surface « opéraient à la limite de ce qui est raisonnable et sûr ». Abbott a expliqué qu'il était « hautement improbable » de retrouver des débris en surface et que, par conséquent, **les recherches aériennes avaient été suspendues**.

Les recherches en surface en Asie du Sud-Est et dans l'océan Indien ont duré 52 jours, dont 41 ont été coordonnés par l'Australie. Plus de 4 500 000 km² (1 700 000 milles carrés) de surface océanique ont été explorés. Dans le sud de l'océan Indien, 29 avions de sept pays ont effectué 334 vols de recherche ; 14 navires de plusieurs pays ont également été impliqués.

5.1.2 Recherches des balises par localisation sous-marine en avril 2014

Le 4 avril, les recherches ont été recentrées sur trois zones plus au nord, entre 1 060 et 2 100 kilomètres à l'ouest de Learmonth, couvrant plus de 217 000 kilomètres carrés. L'ADV Ocean Shield, équipé d'un localisateur pinger remorqué TPL-25, et le HMS Echo, équipé d'un dispositif similaire, ont commencé à rechercher des pings le long d'une ligne de fond marin de 240 kilomètres, considérée comme la zone d'impact du vol 370. Les opérateurs ont estimé qu'il s'agissait d'une tentative hasardeuse, compte tenu de l'immensité de la zone de recherche, alors que le TPL-25 ne pouvait effectuer des recherches que sur 130 kilomètres carrés par jour.

Le navire chinois Haixun 01 a détecté une possible ULB à 25,975°S 101,461°E à l'aide d'un hydrophone portatif. Le lendemain, le Haixun 01 a effectué une autre détection possible ULB environ 3 km plus à l'ouest. Le HMS Echo et un sous-marin ont ensuite été dépêchés sur les lieux des détections du Haixun 01, **mais n'ont pu effectuer aucune détection**.

Le 6 avril, le JACC a annoncé que l'Ocean Shield avait également capté un signal à environ 300 milles nautiques (560 km ; 350 mi) du Haixun 01. Il a été annoncé le lendemain que le localisateur pinger TPL-25 remorqué par l'Ocean Shield avait capté un signal à deux reprises le 6 avril. Le premier signal a eu lieu le matin du 6 avril, à environ 3 000 mètres de profondeur, et a duré deux heures et 20 minutes. Le deuxième signal a été reçu à environ 300 mètres de profondeur et a duré 13 minutes. Au cours du deuxième épisode, deux retours de pingers distincts ont été audibles. Les deux épisodes de signaux enregistrés, qui ont eu lieu à peu près au même endroit, bien qu'à plusieurs kilomètres de distance, ont été considérés comme cohérents avec les signaux attendus de l'enregistreur de vol ULB d'un avion. Les signaux reçus par

Ocean Shield ont été enregistrés au nord d'une zone d'impact nouvellement calculée, annoncée **le 7 avril**, tandis que les signaux de Haixun 01 avaient été enregistrés à sa limite sud. Ocean Shield a reçu deux autres signaux le 8 avril. Le premier a été acquis à 16 h 27 AWST et maintenu pendant 5 minutes et 32 secondes, et le second a été acquis à 22 h 17 AWST et maintenu pendant environ sept minutes. Les experts avaient déterminé que les premiers signaux captés par Ocean Shield étaient « très stables, distincts et clairs... à 33,331 kHz et... pulsaient constamment à un intervalle de 1,106 seconde ». **Ils étaient censés correspondre à l'enregistreur de vol ULB, mais la fréquence des détections était bien supérieure à la spécification du fabricant de 37,5 +/- 1. Les signaux ultérieurs étaient à une fréquence de 27 kHz, ce qui laissait douter qu'ils proviennent d'une boîte noire.**

Le 10 avril, un signal enregistré par l'une des bouées acoustiques déployées avec un hydrophone à 300 mètres de profondeur s'est avéré **peu susceptible de provenir du vol 370.**

5.1.3 Relevés sonar des fonds marins du 14 avril au 28 mai 2014

Le 14 avril, en raison de la probable interruption des impulsions acoustiques des ULB, due à l'épuisement de leurs batteries, la recherche au sonar remorqué a été remplacée par une recherche des fonds marins à l'aide d'un sonar latéral installé sur un véhicule sous-marin autonome Bluefin-21. La première journée de recherche a été interrompue, la profondeur des fonds marins étant considérablement supérieure à la profondeur maximale d'exploitation du Bluefin. Le balayage a ensuite repris et, après avoir couvert 107 kilomètres carrés lors de ses quatre premières plongées, le submersible a été reprogrammé pour lui permettre de plonger 184 mètres plus bas que sa limite opérationnelle de 4 500 mètres, lorsque le risque de dommages a été jugé « acceptable ».

Le Bluefin-21 a nécessité 16 missions pour achever sa recherche dans la zone de 314 kilomètres carrés autour des détections effectuées par le sonar remorqué.

La recherche au sonar des fonds marins a été suspendue **le 2 mai** pour permettre à l'ADV Ocean Shield de rentrer au port afin de se ravitailler en matériel et en personnel.

Moins de deux heures après son premier déploiement, après son retour sur la zone de recherche **le 13 mai**, le Bluefin-21 a rencontré un problème de communication et a été récupéré. Des pièces de rechange britanniques ont été nécessaires et l'ADV Ocean Shield est retourné au port pour les récupérer. Après la réparation du Bluefin-21, le relevé du fond marin a repris le **22 mai**. Le relevé du fond marin s'est achevé **le 28 mai**.

Après 30 déploiements du Bluefin-21 à des profondeurs de 3 000 à 5 000 m (9 800 à 16 400 pieds), qui ont balayé 860 km^2 (330 miles carrés) de fonds marins, **aucun objet associé au vol 370 n'a été trouvé.**

Le lendemain, après analyse des données de la dernière mission, **l'ATSB a annoncé que les recherches à proximité des détections acoustiques étaient terminées et que la zone pouvait être écartée comme localisation finale du vol**. Cette annonce faisait suite à une déclaration du directeur adjoint de l'ingénierie océanique de la marine américaine, selon laquelle les quatre signaux ne provenaient plus des enregistreurs de vol de l'avion.

Truss a informé le Parlement qu'à partir d'août, après la sélection d'un nouvel opérateur commercial pour les recherches, celles-ci entreraient dans une nouvelle phase « qui pourrait durer douze mois ». L'équipement envisagé comprendrait un sonar latéral remorqué.

5.1.4 Relevés bathymétriques du 21 mai 2014 au 21 septembre 2014

Lors d'une réunion tripartite avec des représentants d'Australie, de Malaisie et de Chine le **5 mai**, le vice-Premier ministre australien, Warren Truss, a annoncé qu'une

« cartographie océanographique détaillée de la zone de recherche » serait réalisée afin de « pouvoir entreprendre la prochaine phase de recherche de manière efficace et sûre ». Cette opération était nécessaire à la fois pour planifier la prochaine phase de recherche et parce que l'équipement utilisé pour cette phase devait fonctionner à proximité du fond marin (environ 100 m ou 300 pieds). Le relevé bathymétrique a été réalisé à une résolution de 100 mètres (330 pieds) par pixel, ce qui est nettement supérieur aux précédentes mesures du fond marin dans cette zone réalisées par des satellites et quelques navires de passage dont le sonar était activé.

Le navire de recherche chinois Zhu Kezhen a quitté Fremantle **le 21 mai** pour commencer le relevé bathymétrique.

Le 10 juin, le Bureau australien de la sécurité des transports (ATSB) a signé un contrat avec la société néerlandaise de recherche en haute mer **Fugro** pour mener une étude bathymétrique des fonds marins dans une nouvelle zone de recherche au sud-ouest de l'Australie. ***Fugro a déployé son navire MV Fugro Equator,*** qui a commencé ses opérations de recherche bathymétrique **le 18 juin**.

Le Zhu Kezhen a terminé ses opérations de recherche **le 20 septembre** et a entamé son voyage de retour vers la Chine. L'étude bathymétrique a cartographié environ 208 000 kilomètres carrés (80 000 milles carrés) de fonds marins jusqu'au 17 décembre, date à laquelle elle a été suspendue pour permettre à **Fugro Equator d'être mobilisé pour les recherches sous-marines.**

Données obtenues lors du relevé bathymétrique de référence (en couleur) contrastant avec les données satellitaires précédemment disponibles (en gris).

5.2 Recherches sous-marines du 26 juin 2014 au 20 juin 2015

Le 26 juin, les plans pour la prochaine phase des recherches ont été officiellement annoncés ; la zone de recherche a été déplacée vers une nouvelle région d'une superficie maximale de 60 000 kilomètres carrés (23 000 miles carrés) près de Broken Ridge, dans le sud de l'océan Indien, sur la base d'un rapport publié le même jour par l'ATSB, qui détaillait la méthodologie de détermination de la zone de recherche. Les recherches devaient débuter en août, après la fin du levé bathymétrique, mais elles ont été reportées à octobre, une partie seulement étant achevée.

La Malaisie a annoncé **en juillet** avoir conclu un contrat avec la compagnie pétrolière publique Petronas pour la fourniture d'une équipe chargée des recherches. Petronas a, de son côté, engagé ***le navire GO Phoenix***, propriété de la société australienne GO Marine Group, et la société d'exploration marine Phoenix International, qui fournirait des experts et du matériel.

Phoenix avait récupéré des boîtes noires de plusieurs épaves d'avions sous-marins : le vol Air France 447, le vol Yemenia 626, le vol Adam Air 574 et le vol Tuninter 1153.

Phoenix prévoyait d'utiliser le sonar latéral à synthèse d'ouverture remorqué (calibré pour 6 000 m de profondeur) pour produire une image haute résolution du fond océanique.

Le 6 août, l'Australie, la Malaisie et la Chine ont annoncé conjointement que **Fugro** avait remporté un contrat pour mener cette dernière phase des recherches.

Sur la base d'une analyse plus approfondie des communications satellite du vol MH370, détaillée dans un rapport de l'ATSB publié le **8 octobre**, la zone de recherche prioritaire pour les recherches sous-marines a été déplacée vers le sud par rapport à la zone identifiée en juin.

Les recherches sous-marines ont débuté **le 6 octobre** avec le navire GO Phoenix, qui a quitté Jakarta **le 24 septembre** et a étalonné ses instruments avant d'arriver dans la zone de recherche le **5 octobre.**

Le 18 octobre, ***le Fugro Discovery*** a quitté Perth pour participer aux recherches. Les deux navires ont été rejoints par ***le Fugro Equator*** et le ***Fugro Supporter*** en **janvier 2015.**

Le **16 avril 2015**, une réunion tripartite entre responsables malaisiens, australiens et chinois a eu lieu. Plus de 60 % de la zone de recherche prioritaire de 60 000 km² (23 000 milles carrés) avait été fouillée et, sauf retards importants, les recherches dans cette zone devaient être quasiment terminées d'ici fin mai. *Les pays ont convenu que si aucune trace de l'avion n'était retrouvée dans la zone de recherche prioritaire, les recherches sous-marines seraient étendues à 60 000 km² supplémentaires (23 000 milles carrés) de fonds marins adjacents.*

Début mai 2015, ***le Fugro Supporter*** **s'est retiré des recherches sous-marines et a débarqué son AUV à Fremantle.**

Les conditions de mer pendant l'hiver austral sont trop difficiles pour lancer et récupérer un AUV en toute sécurité.

Par conséquent, les opérations de ce dernier ont été suspendues pendant les mois d'hiver. **Cependant, l'AUV était prêt à participer aux recherches à court terme.**

Le 20 juin 2015, **le *GO Phoenix* a quitté la zone de recherche pour entreprendre un voyage vers Singapour, où il sera démobilisé.**

La zone de recherche du ***GO Phoenix*** est entourée de rose et la plus au nord

La zone de recherche ***du Fugro Discovery*** entourée de bleu et la plus au sud

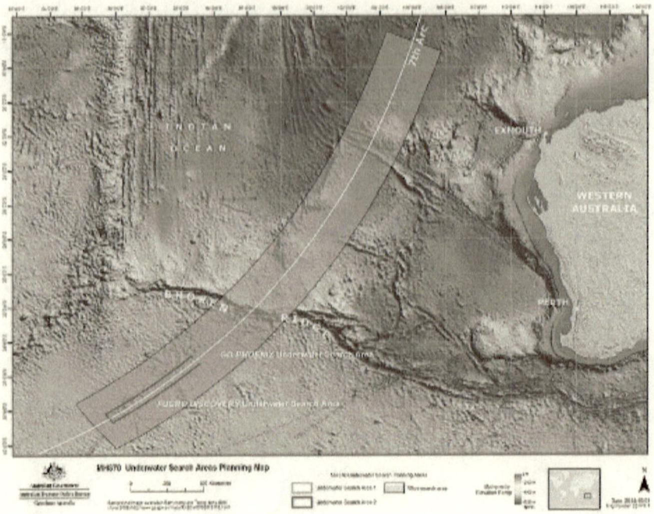

Zones de recherche

Juillet 2015 le flaperon de l'aile droite est retrouvé à l'île de la Réunion

Néanmoins

Le 15 décembre 2016, après un ravitaillement à Fremantle, le navire **Fugro Equator** a entrepris une dernière opération de recherche dans la zone de recherche.

Le 17 janvier 2017, le ***MV Fugro Equator*** a quitté la zone de recherche après avoir terminé la recherche de l'ensemble de la zone de recherche sous-marine de 120 000 km2 (46 000 milles carrés)

Le même jour, un communiqué conjoint a été publié par le JACC annonçant la suspension des recherches du vol 370. Cette suspension était conforme à un accord de juillet 2016 entre l'Australie, la Malaisie et la Chine, prévoyant que les recherches seraient suspendues, et non terminées, à l'issue des recherches sur la zone de recherche de 120 000 km^2 (46 000 milles carrés) si aucune preuve de la présence du vol 370 n'était trouvée et en l'absence de nouveaux éléments crédibles permettant d'identifier une position précise de l'avion.

Commentaire :

Cette description a pour but de montrer avec quels moyens (et donc quel coût !) et quel sérieux, ces recherches, même infructueuses, ont été réalisées.

On peut remarquer que, bien que le B770 fût le fleuron de Boeing (au moment où cette société se portait bien), ni Boeing ni les USA n'ont été impliqués dans ces phases de recherche. Ceci a pu alimenter les théories complotistes déjà évoquées.

La Chine s'est un peu impliquée au début, mais a, rapidement arrêté, malgré le grand nombre de passagers « chinois », 153, sur 239, mais étaient-ils tous de nationalité chinoise ?

De même, on peut constater que la Malaisie n'était pas en première ligne. Le premier ministre était, et jusqu'en 2018, Najib Abdul Razak.

La Malaisie a demandé de l'aide à l'Australie pour, peut-être, plusieurs raisons :

- 6 passagers australiens
- Le Five Power Defence Arrangement (conclu en 1971), avec le Royaume-Uni, l'Australie, la Nouvelle-Zélande et Singapour.
- Des recherches « proches » des côtes australiennes
- Mais surtout les compétences techniques australiennes (même s'il n'y a eu que 50 accidents entre 1945 et 2019

La participation financière et humaine de l'Australie à l'enquête et aux recherches me semble surtout relever d'une sorte de défi technique par rapport à ce mystère.

Grand nombre de débats à la télévision australienne ont attiré l'attention sur ce pays

6. Les vrais débris

Les débris récupérés, leur emplacement sur l'avion et, en bas à gauche, l'emplacement de leur découverte Les couleurs indiquent le degré de certitude que ces débris proviennent bien du MH370.

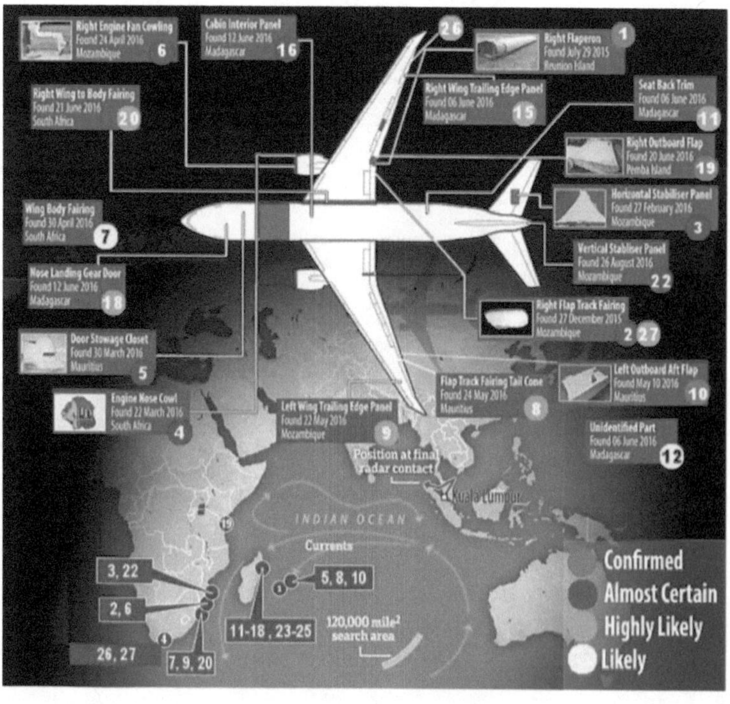

Les débris

Les débris confirmés les plus célèbres sont :

- le flaperon de l'aile droite (1), retrouvé à l'île de la Réunion (toujours dans un centre de la DGA française) découvert **en juillet 2015**
- la partie intérieure du volet extérieur de l'aile droite (19)
- le bord de fuite du volet extérieur de l'aile gauche (8)

Même si l'identification du seul numéro de série d'un composant du flaperon fabriqué par un sous-traitant espagnol d'Airbus a fait l'objet d'une controverse, il s'agit bien du Boeing 777, immatriculé sous le code 9M-MRO.

Plusieurs organisations, dont le CSIRO, un centre de recherche géré par le Commonwealth et basé en Australie, ont mené des études en partant du flaperon et en remontant les courants afin de déterminer son lieu d'origine. Cette analyse ne permet pas de déterminer la localisation précise de l'épave,

On peut, au moins, en conclure que l'épave se trouve dans l'océan Indien oriental.

6.1 Trois trajectoires parmi tant d'autres

1. La plus « officielle » est celle d'INMARSAT et de l'INDEPENDANT GROUPE (IG)et qui a conduit à des recherches infructueuses.
2. La plus originale est celle Ed Anderson, qui a utilisé les résultats des récepteurs d'infrasons et des hydrophones qui détectent les sons.
3. La troisième est celle de notre livre. Elle n'était pas le résultat de calculs sophistiqués et avait pour but de bâtir une théorie complète du détournement.

La première est fondée sur un suicide très programmé et avec l'avion en pilotage automatique après l'Ouest de Sumatra.

Les deux autres font l'hypothèse d'un avion piloté jusqu'au bout avec un amerrissage raté. Cet amerrissage raté est corroboré par les travaux d'Argiris Kamoulakos, qui font l'objet du paragraphe suivant.

6.1.1 La plus « officielle »

Figure 4 - MH370 Flight Route - Southern Indian Ocean
based on Satellite Data

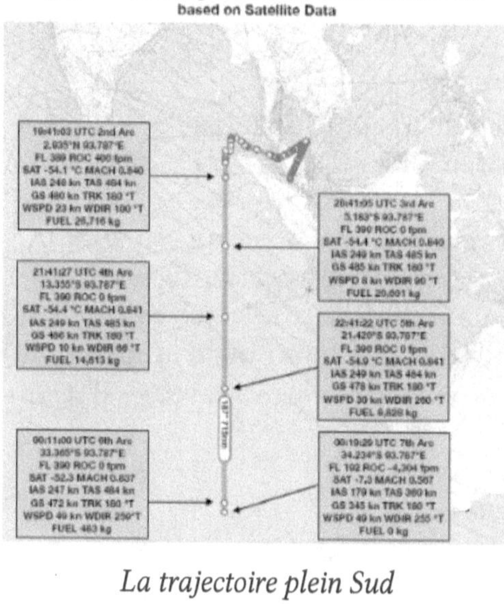

La trajectoire plein Sud

6.1.2 La plus originale : celle Ed Anderson

A Consistent MH370 Waypoint Path to a Specific 7th Arc Location

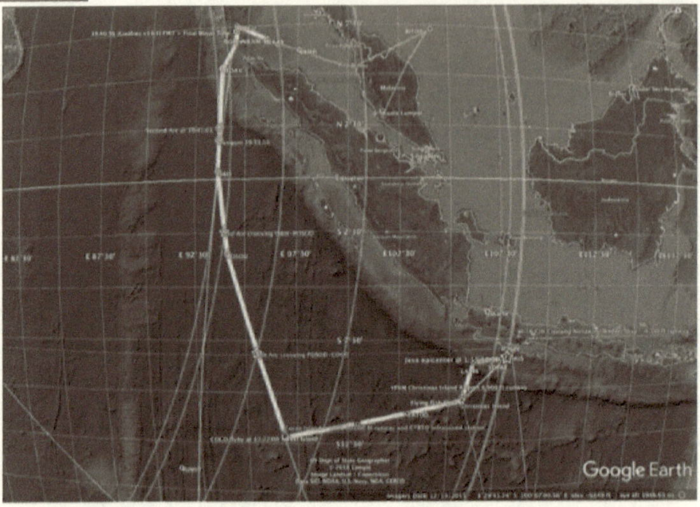

La trajectoire de Ed Anderson 1

6.1.3 Notre trajectoire : essayer d'aller à Learmonth en Australie ?

Cette trajectoire ne cherche pas à avoir une trajectoire plausible selon les BTO et BFO, mais une trajectoire « sommaire ».

En effet, je doute que quels que soient ces calculs, elle serait suffisamment convaincante pour des recherches aient lieu à la fin de cette trajectoire.

Elle a, uniquement, pour but d'alimenter un scénario.

Néanmoins, elle est compatible avec les BTO.

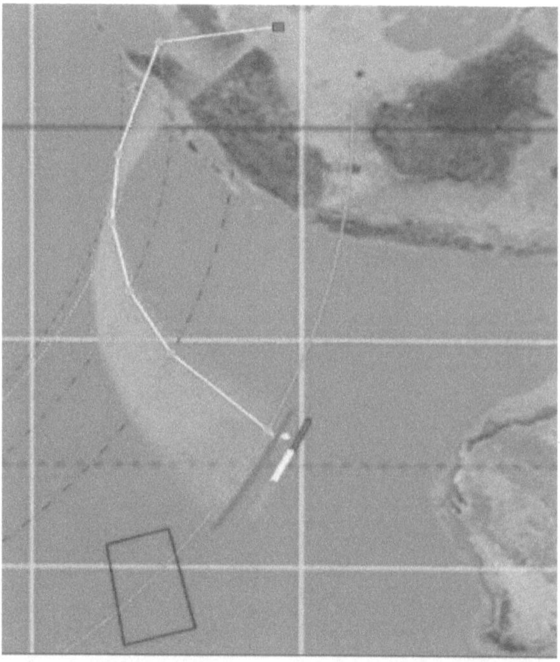

Si, comme la trajectoire de survol de la Malaisie et du détroit de Malacca nous semble l'indiquer, le commandant de bord a su reprogrammer le Flight Management System (FMS) en fonction de routes aériennes et de points de report disponibles dans la base de données de l'avion, il avait probablement préparé préalablement la suite de leur plan de vol à partir d'une liste de points.

La trajectoire, prévue initialement, pouvait être celle-là :

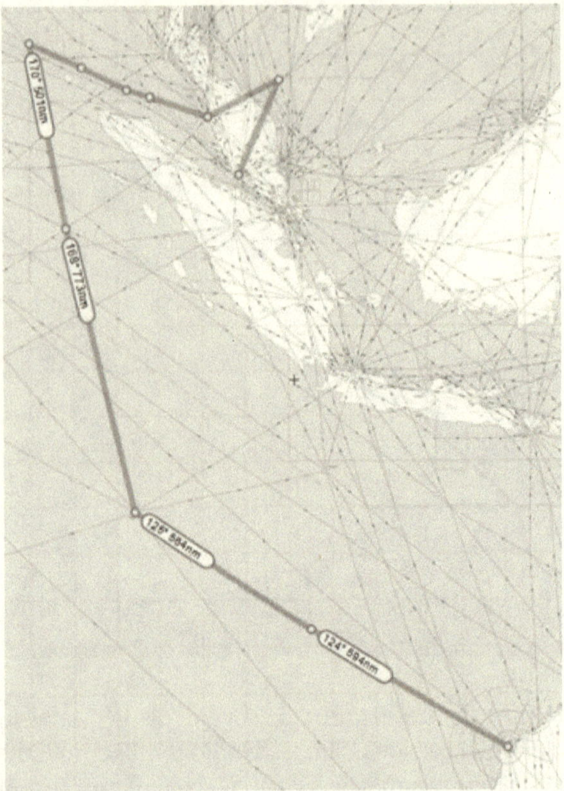

Ce trajet de déroutement de 3 450 nm, entre Kuala Lumpur et l'Australie, est nettement plus long que le vol nominal de 2 600 nm entre Kuala Lumpur et Pékin, mais il était réalisable grâce à la réserve calculée pour atteindre les deux aéroports de déroutement de Jinan Yaoqiang (à 46 minutes de vol de Pékin) et de Hangzhou Xiaoshan (à 1 h 45 de Pékin).

Et comme on le verra plus loin, surtout qu' Zaharie Ahmad Shah a commandé 49 100 kg de carburant pour le vol, ce qui a donné une autonomie de 7 heures et 31 minutes, réserves comprises, soit plus que le carburant supplémentaire pour le déroutement (procédure standard) vers deux aéroports –Jinan Yaoqiang et Hangzhou Xiaoshan –ce qui nécessitait que 48 000 kg (10 600 lb).

Si la trajectoire n'est pas en ligne droite entre le demi-tour et l'Australie, c'est parce qu'il aurait dû traverser l'Indonésie, voler à haute altitude, au-dessus des montagnes, avec une forte probabilité d'être repéré par les systèmes de détection indonésiens. Dans ce cas, l'avion aurait très certainement été intercepté bien avant sa nouvelle destination.

La question est de savoir pourquoi l'avion n'a pas pu atteindre Learmonth alors que cela était théoriquement possible, compte tenu de la réserve de carburant.

Les causes peuvent être :

1. La surconsommation d'un moteur, constatée pendant la première heure du vol, lorsque ces informations étaient transmises

2 Le manque de précision des instruments de mesure et de calcul du carburant restant. En avril 2014, des pilotes de B777 ont constaté une différence entre ce qu'indiquait la jauge et la quantité estimée dans le réservoir par ce qu'on appelle le système de gestion de vol (FMS)
https://aerossurance.com/safety-management/sia-b777-41t-fuel-discrepancy/

3 Une traînée supplémentaire due au déploiement du RAT.

Mais, ces explications semblent insuffisantes.

Les avions de ligne sont faits pour voler à haute altitude et le calculateur de bord adapte automatiquement la vitesse air de l'avion (ce que l'on appelle le nombre de Mach) à l'altitude en appliquant un indice de performance économique défini par la compagnie aérienne. Cet indice est un paramètre auquel les pilotes ne touchent pas.

Par exemple, la vitesse air typique d'un Boeing 777 en croisière est de l'ordre de Mach 0,83-0,84, soit environ 900 km/h (485 nœuds) à 10-11 km d'altitude.

Comme son nom l'indique, la vitesse air mesure la vitesse de déplacement de l'avion (le nombre de Mach est en fait le rapport entre la vitesse de l'avion et la vitesse du son) par rapport à l'air environnant.

Pour obtenir la vitesse par rapport au sol, il faut prendre en compte le déplacement de l'air environnant (c'est-à-dire la vitesse du vent). Dans la zone intertropicale où se déplaçait le MH370, le régime des vents est celui des alizés (qui ne dépassent pas 30-40 km/ h) jusqu'à 6 000 m d'altitude.

Au-delà de cette altitude, on observe des vents variables qui peuvent éventuellement être plus importants mais les forts courants de haute altitude que l'on appelle les « jet streams » et qui accélèrent considérablement les vols New York-Paris (et ralentissent au contraire les vols Paris-New York) n'existent pas sous ces basses latitudes. D'après le rapport officiel malaisien, les jet streams n'étaient présents sur la route prévue qu'au-delà de 30°N et les conditions atmosphériques dans la région où volait le MH370 étaient calmes, avec des vents de l'ordre de 20 nœuds (40 km/h).

De ce fait, on peut considérer que le vent pouvait faire varier la vitesse sol de l'ordre de 5 % par rapport à la vitesse air, selon le cap suivi.

Lorsque l'on force un tel avion à voler à basse altitude, la résistance de l'air est beaucoup plus importante et la vitesse décroît considérablement : à FL50 ou FL100, l'avion volera à des vitesses de l'ordre de 270-280 nœuds (500-520 km/h). Pour un temps global de parcours défini, chaque heure de vol à basse altitude représente donc un raccourcissement de la distance parcourue de l'ordre de 205 milles (380 km).

Si l'avion, dont on sait qu'il a volé environ six heures à partir de sa dernière position connue, avait volé uniquement à basse altitude, il n'aurait pu parcourir qu'environ 3 100 kms, soit moins de 1700 milles nautiques.

Zaharie Ahmad Shah, le commandant de bord, a commis l'erreur de surestimer ses capacités à calculer la consommation de carburant à basse altitude.

Fariq Abdul Hamid, son jeune copilote, ne pouvait remettre en cause la compétence de commandant de bord ou a, peut-être, été neutralisé par Zaharie Ahmad Shah qui l' a fait sortir du cockpit.

6.2 La fin du vol

L'option de l'Independant Group, basée sur l'hypothèse d'un avion sous pilotage automatique à haute altitude et appuyée sur des simulations effectuées par Boeing , est un plongeon à grande vitesse.

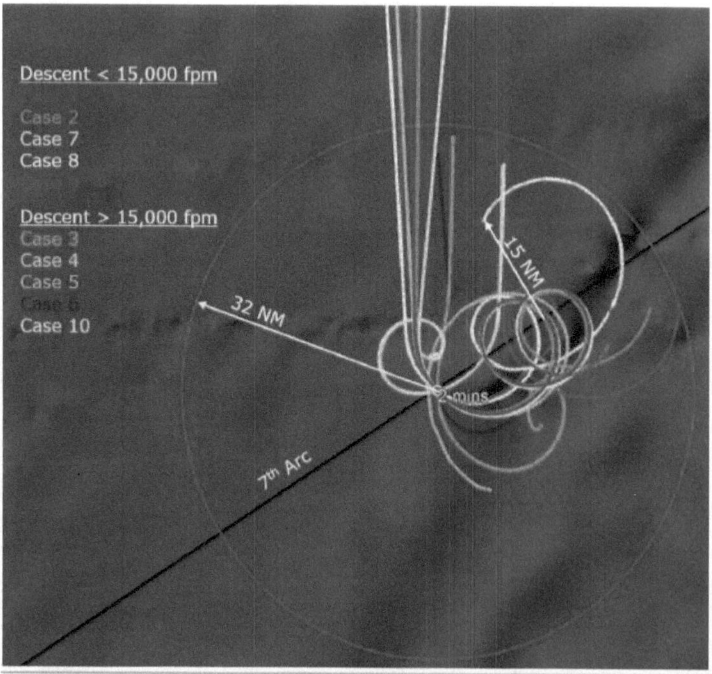

Les simulations de Boeing pour la fin du vol

Dans ce cas, il y aurait eu des milliers de débris flottant à la surface de l'eau.

C'est ce qui a été constaté pour le vol SWISSAIR du 3 septembre 1998.

https://www.lapresse.ca/actualites/200809/19/01-667543-ecrasement-du-vol-swissair-111-il-y-a-dix-ans.php

Du fait de son expérience avec cet accident, Larry Vance, enquêteur du Bureau de la sécurité des transports du Canada a été le premier a avoir estimé que cette option n'était pas plausible.

L'autre option est un amerrissage raté fondé sur l'analyse du flaperon.

6.3 L'analyse du flaperon

Towards the last seconds of the MH370 Argiris Kamoulakos 08 March 2021.

Le flaperon sur une aile typique de B777 et au sol, tel qu'il a été découvert à l'île de la Réunion.

Le flaperon est toujours en France.

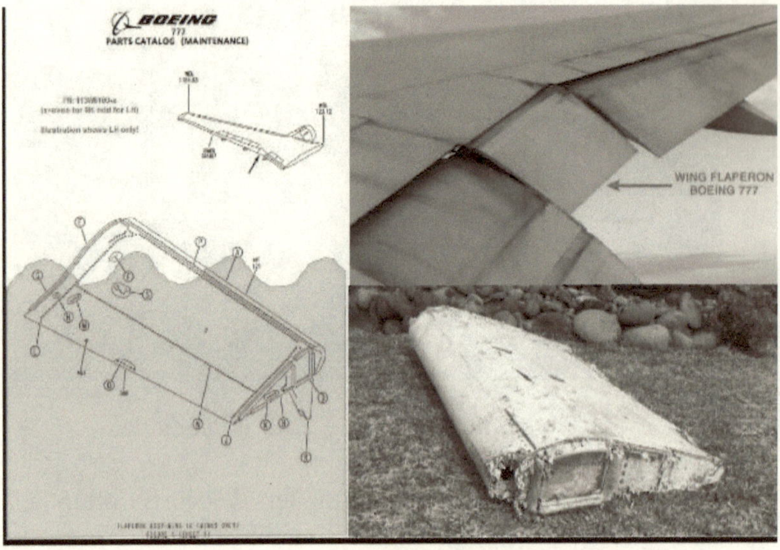

Le flaperon sur l'avion et celui retrouvé

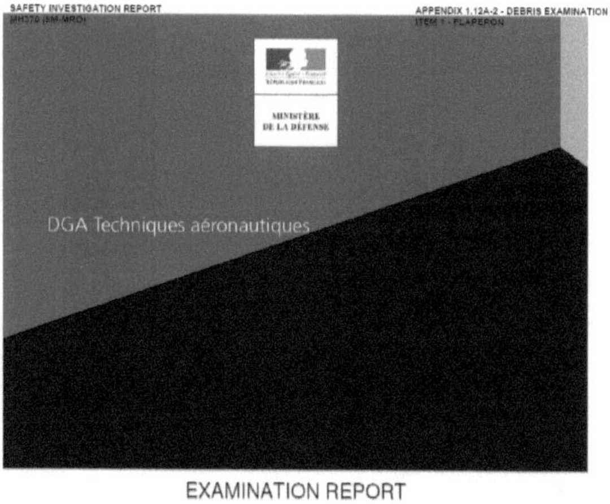

Le rapport officiel de la Direction Générale de l'Armement (DGA)

Dans une annexe au rapport officiel (Figure 19) on peut trouver l'étude détaillée de sa structure, qui a été réalisée par un service de la Direction Générale de l'Armement.

Les restes du flaperon et de l'aileron.

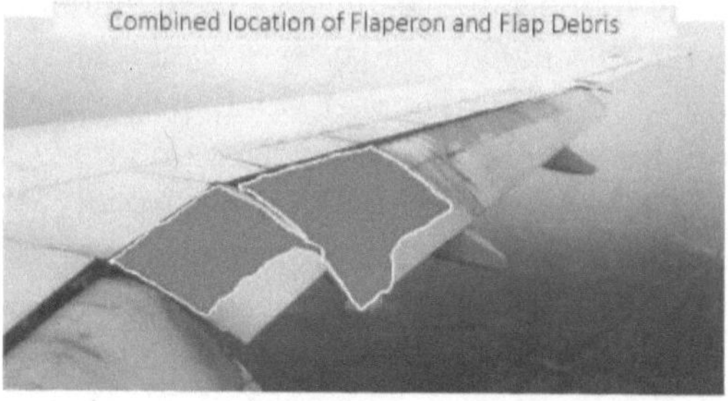

Le flaperon sur l'aile et la partie trouvée

Récupération du flaperon montrant la partie manquante (en vert)

Le directeur d'ESI Group, leader dans l'innovation en matière de solutions de prototypage virtuel, https://www.esi-group.com/, a autorisé son directeur scientifique, Argiris, à utiliser son logiciel commercial de simulation structurelle Virtual Performance Solution (VPS) et sa puissance de calcul dans le cadre de notre projet.

À partir du rapport officiel de la DGA mentionné ci-dessus, Argiris a créé des modèles adaptés à l'analyse systématique des scénarios possibles d'impact du flaperon sur l'eau ; les détails de ce travail ont été publiés dans un article du bulletin mensuel de la 3AF intitulé « La fin du vol MH370 : un amerrissage forcé, étude du flaperon heurtant la surface de la mer ».

Après un travail exceptionnel, qui a nécessité de nombreuses heures de modélisation et de simulation, Argiris a réussi à créer une animation illustrant les premiers instants possibles de l'impact avec l'eau, ainsi que la rupture et le détachement du bord de fuite associés.

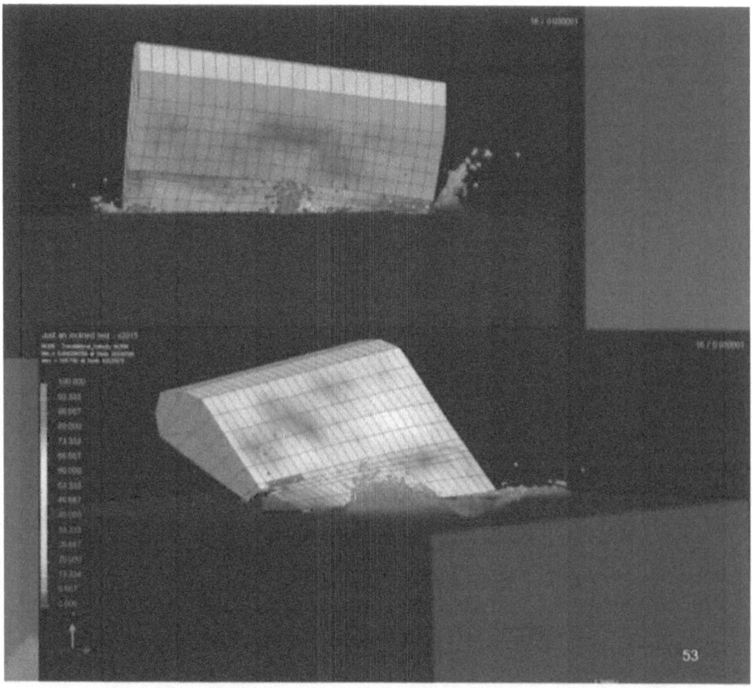

Captures de l'animation illustrant comment le flaperon se brise

Des modèles théoriques ont ensuite été créés, basés sur une nouvelle modification de la théorie de l'impact de l'eau de Von-Karman, afin d'évaluer paramétriquement les charges d'excavation sur une structure de type flaperon, puis validés par simulation. L'objectif final était d'évaluer analytiquement les paramètres qui influencent les charges d'impact de l'eau sur un flaperon, leurs effets sur les contraintes locales autour des fixations et leur potentiel de rupture structurelle.

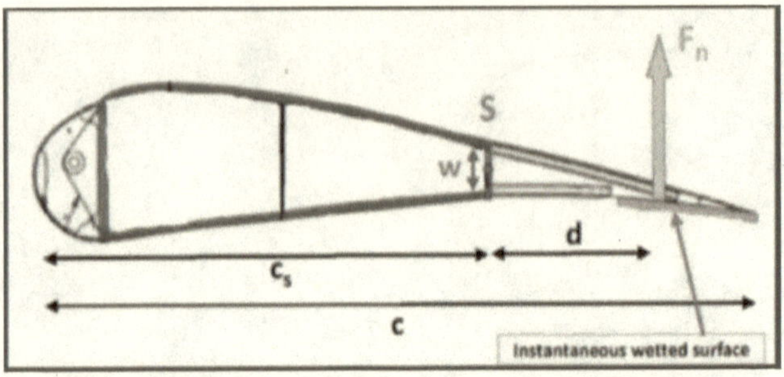

Section typique d'un flaperon montrant le longeron S où la rupture se produit

Ce travail a fait l'objet d'un article du AIAA Aviation Forum 2020, titled "Aspects of analysis and simulation of a flaperon ditching scenario".

L'application de ce travail sur le flaperon du MH370 montre les vitesses qui peuvent produire une rupture du bord de fuite du flaperon au « premier impact », en fonction de son inclinaison relative par rapport à la surface libre de l'eau.

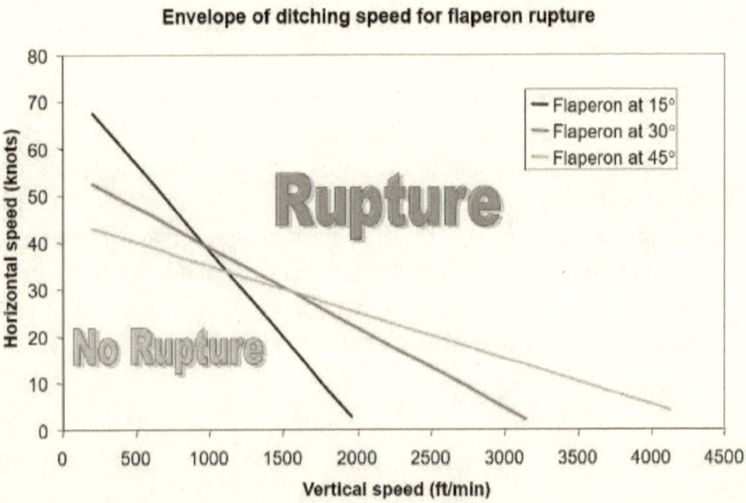

Enveloppe de vitesse d'amerrissage pour la rupture du flaperon

Une publication suivante a été soumise au Forum Aviation AIAA 2021 intitulée « Aspects de l'analyse et de la simulation d'un scénario d'amerrissage forcé de l'aile », qui traite du même problème mais impliquant l'aile, comme le montre la figure ci-dessous :

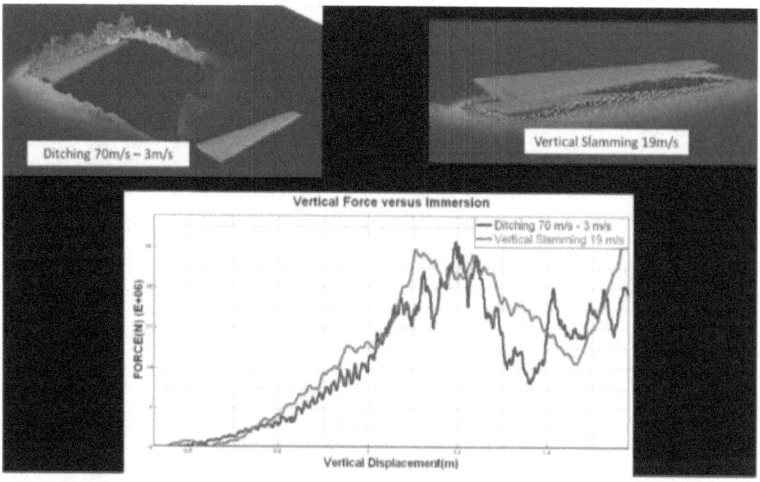

Comparison of Vertical Force versus Immersion for a part of a wide-body wing with 13 degrees inclination under ditching and its "equivalent" vertical slamming speed

Le raisonnement est que certaines des vitesses mentionnées ci-dessus, impliquant la rupture du bord de fuite du flaperon, pourraient également impliquer la rupture de l'aile.

Pourrait en résulter une rupture complète de l'aile droite due à un impact d'eau asymétrique, comme illustré dans la figure ci-dessous :

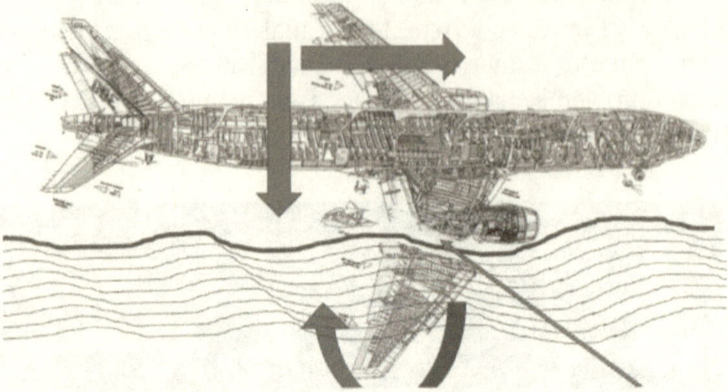

Scénario fictif d'un amerrissage asymétrique avec rupture de l'aile droite.

Ceci est cohérent avec les gros débris trouvés dans l'ouest de l'Océan Indien

6.4 Le silence final

Cette tentative d'amerrissage hypothétique a pu avoir lieu dans un endroit certes moins fréquenté que le détroit de Malacca, mais où le trafic de marchandises est important, en provenance d'Australie-Occidentale et passant entre les îles de Java et de Sumatra.

On peut imaginer que l'équipage a identifié un grand navire clairement visible (par exemple, plusieurs dizaines de mètres de longueur et de largeur, de couleur vive sur fond bleu marine) loin d'eux, mais que le navire n'a pas vu l'avion (l'avion arrivant devant le navire – un point blanc de quelques mètres de diamètre sur fond de ciel gris clair) ni entendu l'avion (en vol plané sans moteur et couvert par le bruit du navire) et que l'avion s'est finalement retrouvé trop loin du navire et a coulé sans être vu.

Pourquoi Zaharie Ahmad Shah n'a-t-il envoyé aucun signal ?

Dans l'hypothèse d'un suicide, on peut comprendre, mais dans le cas d'une tentative d'amerrissage ?

Avec un amerrissage réussi, l'avion aurait flotté un certain temps à la surface de l'océan avant de couler très vite d'un bloc et il n'y aurait pas eu débris.

À part les ingénieurs d'INMARSAT, personne ne savait que ces messages de service étaient enregistrés.

Zaharie Ahmad Shah pouvait espérer que personne ne découvre jamais la vérité.

7. Des faits, des actes et des déclarations

7.1 Avant la disparition

Anwar Ibrahim a fait cinq ans de prison de 1999 à 2004

Le 3 février 2010 : début du deuxième procès d'Anwar Ibrahim

Le 9 janvier 2012, près de deux ans après l'ouverture du procès, le juge Zabidin Mohamad Diah a déclaré Anwar non coupable

Le 20 janvier 2012, le parquet a interjeté appel de l'acquittement d'Anwar.

Vu le déroulement du premier procès, Anwar Ibrahim et ses partisans pouvaient en craindre l'issue.

Effectivement, le 7 mars 2014, la Cour d'appel a annulé l'acquittement d'Anwar Ibrahim, confirmant l'appel du gouvernement, déclaré Anwar coupable et l'a condamné à cinq ans d'emprisonnement

7.2 Le 8 mars 2014 : disparition du vol MH 370

Zaharie Ahmad Shah a commandé 49 100 kg de carburant pour le vol, ce qui a donné une autonomie de 7 heures et 31 minutes, réserves comprises, soit plus que le carburant supplémentaire pour le déroutement (procédure standard) vers deux aéroports –Jinan Yaoqiang et Hangzhou Xiaoshan –ce qui nécessitait que 48 000 kg (10 600 lb)

D'après le Rapport d'enquête officiel.

Zaharie Ahmad Shah, juste avant le décollage de l'avion, a passé un appel téléphonique en utilisant une carte SIM payante, achetée sous une fausse identité. https://english.alarabiya.net/News/world/2014/03/23/-Fake-ID-call-made-to-Malaysia-pilot-before-take-off)

Cela n'est pas dans le Rapport d'enquête officiel.

7.3 Après la disparition du vol MH 370

À 5 h du matin le 8 mars, 4 heures après la disparition

Malgré la mobilisation de bateaux et de satellites, la recherche de débris en Mer de Chine, puis au-dessus du détroit de Malacca puis de la Mer d'Adaman, a été infructueuse.

17 mars 2014

De nouvelles recherche débutent dans des zones dans l'est de l'Océan Indien du côté de l'Australie et avec des moyens encore plus impressionnants.?

20 mars 2014

Article du Malaysian Insider

Interview **d'Anwar Ibrahim** par Christiane Amanpour de CNN.

Interrogé sur l'appartenance du capitaine Zaharie à la famille, Anwar Ibrahim a répondu « Ma belle-fille m'a dit qu'il était un membre de la famille, pas très proche, mais qu'elle l'appelait "oncle", ce qui est assez courant ici », a déclaré Anwar. « Mais je le connais essentiellement comme militant du parti. »

Répondant aux informations de presse selon lesquelles le capitaine Zaharie avait assisté à l'audience d'appel d'Anwar pour sodomie avant le départ du MH 370, Anwar a déclaré : « Il n'était pas présent au tribunal. Il était peut-être à l'extérieur, dans les locaux du tribunal. Mais d'après ce que j'ai compris de la part de plusieurs de nos collègues, personne ne l'a vu dans les locaux du tribunal. »

Lorsque Amanpour, de CNN, a demandé si le capitaine Zaharie avait pu réagir de manière particulièrement vive à la sentence prononcée par le tribunal, Anwar a déclaré : « J'ai compris plus tard, grâce à plusieurs de ses collègues et à ce qui a été écrit à son sujet, qu'il était perturbé. » « Beaucoup d'autres l'étaient. Nous avons été choqués et consternés par la rapidité de la procédure devant la cour d'appel. »

Il a ajouté : « Mais je pense que c'est tout à fait normal. Je ne pense pas que cela puisse inciter une personne de son expertise et de son calibre à commettre une quelconque activité indésirable. J'en suis absolument certain. »

Il a ajouté : « Les autorités malaisiennes auraient dû être en mesure de détecter l'avion. » « Lorsqu'ils ont acquis ce système Radar Marconi dans le corridor nord, j'étais ministre des Finances », a-t-il déclaré à Amanpour. « Ils avaient la capacité de détecter tout vol en provenance de l'ouest, ou de l'est vers la côte ouest, de la mer de Chine méridionale à l'océan Indien. » Je trouve choquant que les responsables gouvernementaux n'aient pas été en mesure de fournir des informations, ou qu'ils aient fourni des informations très limitées. Anwar Ibrahim ajoute : « Le problème réside dans la crédibilité des dirigeants. Ils sont coupables, car il existe un sentiment général de manque de transparence, d'opacité du système. »

Comme Anwar l'a déclaré plus tôt : « Il soutient notre coalition multiraciale. Il soutient la réforme démocratique. Il est contre toute forme d'extrémisme. ».

29 avril 2014. La Malaisie recrute Kok Soo Chon, ancien directeur général du département de l'aviation civile, pour diriger l'équipe d'enquête internationale.

19 mai 2014

https://www.independent.co.uk/news/world/asia/missing-malaysia-airlines-flight-mh370-cia-hiding-something-claims-former-leader-dr-mahathir-mohamad-9397940.html

Disparition du vol MH370 de Malaysia Airlines : « La CIA cache quelque chose », affirme l'ancien dirigeant, **Mahathir Mohamad**.

L'ancien Premier ministre malaisien a accusé une agence de renseignement américaine et Boeing d'avoir dissimulé la localisation du vol MH370 de Malaysia Airlines, disparu depuis le 8 mars.

Il a également attaqué Boeing, affirmant que la compagnie aurait pu utiliser une technologie brevetée pour ramener l'avion à un point d'atterrissage prédéterminé.

Mai 2014

Les recherches en surface, les recherches des balises par localisation sous-marine et les relevés sonar des fonds marins se sont arrêtés.

21 mai 2014

Début des relevés bathymétriques.

27 mai 2014

Les données satellitaires sur vol MH370 sont rendues publiques

20 juin 2015 arrêt des relevés bathymétriques

Septembre 2014

L'analyse technique Inmarsat : « À la recherche du vol MH370 », Chris Ashton, Alan Shuster Bruce, Gary Colledge et Mark Dickinson est publiée dans Journal of Navigation.

6 octobre 2014 Début des recherches sous-marines.

Le 10 février 2015, **Anwar Ibrahim** a interjeté appel de la décision de la Cour d'appel, et la Cour fédérale a confirmé sa condamnation et **sa peine de cinq ans d'emprisonnement**. Le procureur principal avait requis une augmentation de la peine, la peine maximale étant de 20 ans.

S'agissant de son dernier recours, Anwar a été immédiatement incarcéré

Depuis 2009, le premier ministre était Najib Abdul Razak et, donc, pendant toute la durée de la deuxième procédure contre Anwar Ibrahim.

Février 2015, la Cour fédérale de Malaisie confirme la décision de la Cour d'appel et la peine de cinq ans de prison pour **Anwar Ibrahim**. Il est immédiatement incarcéré à la prison de Sungai Buloh, Selangor, pour purger sa peine.

20 juin 2015 Les recherches sous-marines s'arrêtent.

Ce sont les deux premières recherches sous-marines payées et infructueuses

- **le navire GO Phoenix, propriété de la société australienne GO Marine Group**
- **3 navires propriété de la société d'ingénierie néerlandaise Fugro**

15 décembre 2016, le navire Fugro Equator entreprend une dernière opération.

17 janvier 2017, le MV Fugro Equator quitte la zone de recherche après avoir terminé la recherche de l'ensemble de la zone de recherche sous-marine de 120 000 km2 (46 000 milles carrés)

C'est la troisième recherche infructueuse

Octobre 2017.

Rapport initial de l'ATSB sur le vol MH370.

Le gouvernement de **Najib Abdul Razak décide d'impliquer plus la Malaisie et** prend la décision de reprendre les recherches de l'avion qui sont confiées à l'entreprise américaine **Ocean Infinity** et signe un accord de 90 jours « no cure, no fee » avec la société texane Ocean Infinity.

« No cure no fee » signifie qu'Ocean Infinity ne sera payée que si elle trouve l'épave.

En termes de recherche sous-marine, Ocean Infinity peut se targuer d'un succès qui a été médiatisé : À la demande du gouvernement argentin, en novembre 2018, l'entreprise a réussi à localiser l'épave du sous-marin ARA San Juan, disparu un an plus tôt.

À côté de ces succès éclatants, la recherche du MH370 représente un défi autrement plus difficile. Alors que pour les navires échoués, la localisation des épaves est à peu près connue, dans le cas de l'avion malaisien, le périmètre de recherche est beaucoup large.

Si la recherche d'épaves est l'activité la plus connue d'Ocean Infinity, elle représente une partie minime de son travail. En réalité, ses sous-marins et ses bateaux servent avant tout à cartographier avec une grande précision les fonds marins. À une profondeur de 3 000 m, l'entreprise est capable de fournir des cartes précises au mètre près.

Ces données très précieuses permettent la construction d'infrastructures sous-marines ou offshore comme la pose des câbles sous-marins, des pipelines, des champs d'éoliennes et des plateformes pétrolières. Si l'entreprise reste discrète sur le sujet, elle collabore fréquemment avec des grands groupes pétroliers comme Exxon, Total ou Shell.

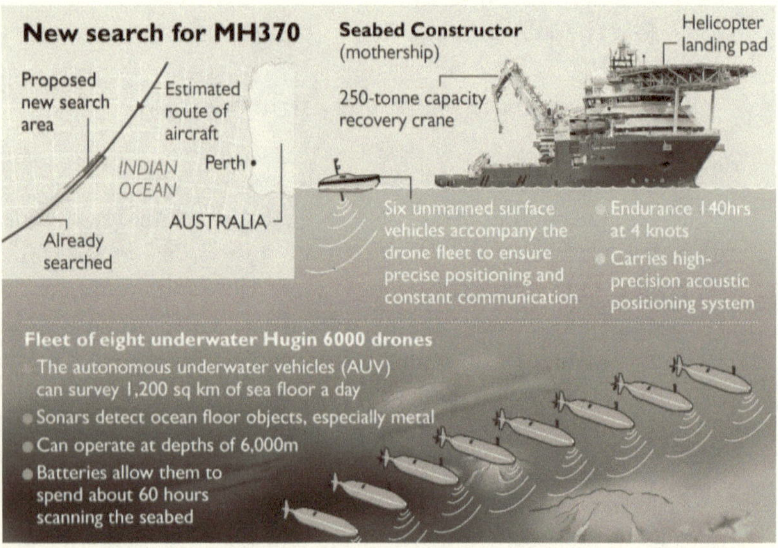

Les moyens de recherche du Seabed Constructeur

3 janvier 2018, le navire Seabed Constructor quitte Durban pour effectuer ses recherches ;

C'est la quatrième campagne de recherche toujours dans cette zone choisie avec une trajectoire plein sud et un avion non piloté.

La zone de recherche 1

9 mai 2018 Mohammad Najib Abdul Razak perd, à la surprise générale, les élections et **Mahathir Mohamad** devient premier ministre à 90 ans.

Après 3 ans de plus en prison, **Anwar Ibrahim** est libéré de prison et bénéficie d'une grâce royale du sultan Muhammad V, ce qui le rend apte à exercer une fonction ministérielle ou parlementaire.

23 mai 2018, le ministre des Transports de la Malaisie annonce que la recherche du vol MH370 de Malaysia Airlines se termine la semaine suivante

« Le ministre des Transports, Anthony Loke, a déclaré mercredi que l'accord de recherche de 90 jours avec Ocean Infinity devait se terminer en avril, mais a été prolongé deux fois jusqu'au 29 mai à la suite de la demande du cabinet »

« Il n'y aura plus d'extensions, il ne pourra pas continuer indéfiniment, attendons le 29 mai et nous déciderons ensuite comment procéder ».

1er juin 2018, les recherches se poursuivent

9 juin 2018, la recherche se termine sans succès.

Combien Ocean Infinity a-t-il dépensé ? Ce coût a-t-il été compensé par la publicité ?

Les données de cartographie des fonds océaniques collectées au cours de la recherche ont été données au projet GEBCO Seabed 2030 de la Nippon Foundation pour être intégrées à la carte mondiale des fonds océaniques.

C'est donc la quatrième campagne de recherche infructueuse toujours dans cette zone choisie avec une trajectoire plein sud et un avion non piloté.

Errare humanum est, perseverare diabolicum

Juillet 2018, à la suite de la corruption présumée de **Najib Abdul Razak** et de ses transactions douteuses avec la Chine, sur fond de soupçons, confirmés plus tard, selon lesquels il aurait détourné de l'argent des projets BRI financés par des prêts chinois pour payer les dettes de la 1MDB, il est arrêté.

Juillet 2018 Rapport officiel de l'enquête sur le vol MH370

À signaler que certains membres malaisiens de l'équipe d'enquête ont été remplacés entre-temps, augmentant le pourcentage de militaires (*plus dociles ?)* et l'absence de contrôleurs aériens.

Le directeur de l'autorité de régulation de l'aviation civile malaisienne, Azharuddin Abdul Rahman, a déclaré que le rapport avait révélé que le contrôle aérien ne respectait pas les procédures opérationnelles standard et a démissionné.

Un bouc émissaire ? L'accusation portée contre le contrôleur aérien en service a ensuite été abandonnée, jugée sans objet. (à la suite d'une intervention de l'IFATCA The International Federation of Air Traffic Controllers' Associations.)

Le rapport conclut (*sic)* que l'avion a été détourné manuellement en plein vol, sans être piloté automatiquement, et qu'une « intervention illégale d'un tiers » ne peut être exclue. Il rejette toutefois les théories selon lesquelles le pilote et le copilote auraient provoqué l'écrasement de l'avion lors d'une mission suicide, et exclut également une défaillance mécanique comme cause.

L'« intervention illégale d'un tiers », sans aucune preuve, ressemble à une façon d'essayer de disculper le commandant de bord.

Téléguidé par le nouveau pouvoir en place ? à l'opposé du pouvoir précédent, dont on verra ci-après le point de vue : un suicide du commandant de bord.

Ce qui est intéressant dans cette idée d'intervention illégale d'un tiers, c'est qu'à l'opposé de ce qui peut apparaitre évident, cela ne veut pas dire nécessairement à bord.

Mars 2019, à la suite du 5e anniversaire de la disparition, le gouvernement malaisien de Mahathir Mohamad déclare qu'il était prêt à examiner toute « piste crédible ou proposition spécifique » concernant une nouvelle recherche

Ocean Infinity déclare qu'il était prêt à reprendre la recherche sur la même base de non-recherche, pas de frais, estimant qu'il bénéficierait de l'expérience acquise lors de sa recherche de l'épave du sous-marin argentin ARA San Juan et du vraquier Stella Daisy, voire de deux autres succès.

- En 2019, au large de Toulon, la localisation de l'épave du sous-marin français La Minerve cinquante ans après sa destruction.
- En 2022, la localisation de l'épave de L'Endurance, le mythique voilier de l'explorateur Ernest Shackleton, disparu en 1915 sous les glaces de l'Antarctique. Au sein d'une expédition menée par une association britannique, les membres d'Ocean Infinity parviennent à localiser l'épave de ce voilier 3 000 mètres sous la banquise.

L'emplacement le plus probable se situant toujours quelque part le long du 7e arc autour de la zone identifiée précédemment, **celle sur laquelle sa recherche de 2018 était basée.**

19 février 2020

https://m.malaysiakini.com/news/511429

Les enquêteurs n'ont pas exclu l'hypothèse d'éléments criminels dans la disparition du vol MH370, a déclaré **l'ancien Premier ministre Najib Abdul Razak.**

Il a précisé que les enquêteurs avaient également enquêté sur les convictions politiques du pilote Zaharie Ahmad Shah, mais n'ont pas rendu ces informations publiques.

Il répondait aux propos de l'ancien **Premier ministre australien Tony Abbot**, qui avait déclaré que lui-même pensait que la disparition de l'avion était due à un meurtre-suicide.

S'exprimant au sujet de Zaharie, l'ancien Premier ministre a déclaré que le pilote était un « membre actif et connu d'un parti d'opposition qui avait participé à diverses activités politiques et que le chef de l'opposition avait admis plus tard que le pilote lui était apparenté ».

Bien que Najib n'ait pas mentionné de noms, il s'agissait clairement d'une référence au président du PKR, Anwar Ibrahim, qui a admis que Zaharie était apparenté à sa belle-famille. Le pilote était également membre du PKR.

https://www.cbc.ca/news/world/mh370-report-abbott-najib-1.5468310

D'anciens dirigeants australiens et malaisiens évoquent ouvertement la théorie du suicide du pilote du vol MH370.

La Malaisie n'a jamais exclu la possibilité que le vol MH370 de Malaysia Airlines, disparu, ait été abattu par un pilote suicidaire, a déclaré mercredi l'ancien Premier ministre malaisien Najib Razak.

Najib, qui était Premier ministre lorsque le vol MH370 a disparu avec 239 personnes à bord il y a près de six ans, répondait aux propos de l'ancien Premier ministre australien Tony Abbott selon lesquels les dirigeants malaisiens avaient d'emblée envisagé que le commandant de bord Zaharie Ahmad Shah ait pu commettre un meurtre de masse.

« D'après ce que j'ai compris, au plus haut niveau du gouvernement malaisien, ils ont très tôt pensé qu'il s'agissait d'un meurtre-suicide du pilote », a déclaré **Abbott, qui a été Premier ministre australien de 2013 à 2015.**

« Je ne dirai pas qui a dit quoi à qui, mais permettez-moi de le répéter, je tiens à être absolument clair : il était entendu au plus haut niveau qu'il s'agissait très certainement d'un meurtre-suicide du pilote. ».

24 février 2020, **Mahathir Mohamad** démissionne de son poste de premier ministre malaisien.

Mars 2020 : **Muhyiddin Yassin** est nommé premier ministre

Le 28 juillet 2020, un tribunal a condamné à douze ans de prison **Najib Abdul Razak**, jugé coupable dans le procès pour corruption du scandale lié au fonds souverain 1MDB

Mahathir Mohamad avait promis aux proches des disparus qu'il pourrait reprendre les recherches « si quelque chose de nouveau se produisait ».

Muhyiddin Yassin n'a même pas fait cette « promesse » et n'a pas assisté à la cérémonie de la septième année de disparition du vol MH370 **en mars 2021**.

5 avril 2021, le jugement en appel de **Najib Abdul Razak** devant la Cour d'appel commence.

Le 19 novembre 2022, arrivé en tête des élections législatives, le Pakatan Harapan revendique la victoire et le poste de Premier ministre pour son dirigeant, **Anwar Ibrahim,** sans toutefois préciser avec quelles formations il entend former une alliance. Le Perikatan Nasional, dirigé par **Muhyiddin Yassin**, revendique lui aussi la victoire. Le Barisan national du Premier ministre sortant subit à nouveau un net recul, tandis que l'ancien Premier ministre **Mahathir Mohamad** échoue à se faire réélire dans sa circonscription électorale.

Le **24 novembre**, après avoir consulté les sultans locaux, le roi nomme **Anwar Ibrahim** Premier ministre de Malaisie. Il obtient la confiance du Parlement le 19 décembre.

Pour la suite, le premier ministre du gouvernement est **Anwar Ibrahim. Donc les décisions de son ministre des transports ont été approuvées par lui.**

8 mars 2023, jour du neuvième anniversaire de la disparition du vol MH370, le ministre malaisien des Transports, Anthony Loke, s'est engagé à ne pas « close the book » concernant le vol MH370, ajoutant que les recherches futures seraient dûment prises en compte si de « nouvelles informations crédibles » étaient disponibles sur la localisation potentielle de l'avion.

Mars 2024, quelques jours avant le dixième anniversaire de la disparition, la Malaisie a annoncé qu'elle consulterait l'Australie au sujet d'une collaboration avec l'équipe d'Ocean Infinity pour une nouvelle expédition.

20 décembre 2024, le gouvernement malaisien donne son accord de principe à une nouvelle opération de recherche menée par Ocean Infinity.

25 février 2025, Loke annonce le lancement d'une nouvelle opération de recherche pour le vol MH370 de Malaysia Airlines, menée par Ocean Infinity. La mission devait couvrir une zone de 15 000 km² (5 800 miles carrés) dans le sud de l'océan Indien, sur une période de 18 mois.

Les recherches seraient menées dans le cadre d'un accord jours « no cure, no fee » « pas de découverte, pas de récompense » avec le gouvernement malaisien, qui a promis une récompense de 70 millions de dollars pour la découverte de l'épave.

En fait, il s'agit pour Ocean Infinity de faire de la publicité pour sa nouvelle « Armada »

Ocean Infinity a pris livraison en janvier 2024 du huitième et dernier navire high-tech de sa série A78 construite par les chantiers Vard de Vung Tau, au Vietnam, et achevée à Soviknes, en Norvège. L'armement, dont le siège est à Houston, au Texas, explique qu'il va désormais mettre progressivement sur le marché ces navires robotisés à équipage réduit de 78 mètres, embarquant des robots sous-marins capables de travailler jusqu'à 6 000 mètres de profondeur.

Elle pourrait contribuer à l'hydrographie de la totalité des fonds marins du globe, d'ici à 2030, tandis que 80 % de ces fonds ne sont pas encore cartographiés à ce jour.

3 avril 2025, Loke déclare qu'Ocean Infinity a suspendu ses recherches, car ce n'est « pas la saison ». Ocean Infinity prévoit de reprendre les recherches fin 2025.

Commentaire :

Il ne faut pas oublier que c'est dans l'hémisphère sud et que la zone de recherche est l'endroit des « quarantièmes rugissants »

De plus la distance avec un port de ravitaillement en Australie demande plusieurs jours de navigation

Commentaire :

Trois personnages ont dominé la scène politique depuis 1981, soit 40 ans : en se battant pour le pouvoir : Mahathir Mohamad, Najib Abdul Razak et Anwar Ibrahim.

J'ai écrit que la démocratie a perduré en Malaisie, mais pas sans imperfections ; une Cour d'Appel pas indépendante du pouvoir politique, la corruption et des moyens déloyaux pour essayer d'éliminer Anwar Ibrahim.

Pendant ces 10 dernières années, Najib Abdul Razak, puis Mahathir Mohamad, ont montré peu d'intérêt la disparition du MH370 et ont préféré essayer d'influer sur l'enquête, pour continuer leur lutte pour le pouvoir.

Leurs déclarations ne donnent pas l'impression qu'ils aient eu la moindre idée sur les raisons de ce détournement.

8. Un scenario plausible ? politique, opérationnel et technique complet

Dès la disparition du MH370, il y a eu des rumeurs selon lesquelles ce serait une protestation politique contre la dernière peine de prison d'Anwar Ibrahim.

En Malaisie, beaucoup de personnes pouvaient constater, comme je l'ai fait, la coïncidence entre

1. Le 7 mars 2014, la Cour d'appel de la Malaisie, à la demande du gouvernement, a annulé l'acquittement d'Anwar Ibrahim, l'a déclaré coupable et l'a condamné à cinq ans d'emprisonnement
2. Le 8 mars 2014, le vol MH370 a disparu

Mais, je vais essayer de d'expliquer cette coïncidence et de la compléter par un scénario opérationnel et technique fondé sur tout ce qui précède.

Au vu des décisions précédentes de la Cour d'Appel, ses partisans avaient des raisons d'être inquiets d'une nouvelle condamnation d'Anwar Ibrahim, de la perspective de son incarcération et de son interdiction de se présenter aux élections.

L'idée d'une prise d'otages a pu germer, dans la tête d'un partisan très (trop) zélé, avant même la décision de la Cour d'Appel, pour qu'elle soit prête au cas ou.

Pour la suite, je l'appellerai : H pour homme

Est-ce que peut être une femme ? F.

En 1998, la branche jeunesse de l'UMNO, dirigée par Ahmad Zahid Hamidi, proche d'Anwar, a annoncé qu'elle lancerait un débat sur le « copinage et le népotisme ».

À cette époque, il y avait des femmes dans cette branche jeunesse qui promouvait des droits pour les femmes dans ce pays musulman.

L'épouse d'Anwar Ibrahim, Wan Azizah Wan Ismail, a été Vice-Première ministre sous le règne de Mahathir Mohammed et a fondé le National Justice Party, au plus fort du mouvement Reformasi le 4 avril 1999 après l'arrestation de son mari,

Nurul Izzah Anwar, fille d'Anwar, est membre de Keadilan (PKR) et occupe actuellement le poste de députée de Permatang Pauh. Elle est anciennement députée de Lembah Pantai du 8 mars 2008 au 10 mai 2018.

Nurul Izzah est aussi une ardente défenseure des droits de l'homme et des droits civils, avec un intérêt particulier pour les prisonniers religieux. et députée.

Je n'irai pas jusqu'à dire qu'une ou l'autre aurait pu être l'instigatrice, ce qui serait un scénario incroyable, mais qu'il est possible que cela soit une femme ;

J'appellerai donc **cette** personne **X** par la suite.

Je fais l'hypothèse que c'est une seule et unique personne, car un secret partagé par deux personnes n'est plus un secret, qu'elle n'avait besoin de personne sauf de Zaharie Ahmad Shah, qu'elle connaissait comme membre du parti.

Et, surtout, X n'a pas prévenu Anwar Ibrahim, pour qu'il puisse nier avoir été au courant.

Elle a convaincu ou contraint, avec un chantage ? Zaharie Ahmad Shah, partisan mais non fanatique, à accomplir cette tâche.

Zaharie Ahmad Shah a eu le temps de préparer cette trajectoire pour aller en Australie et de choisir, à l'avance, le vol MH370.

Il n'existe aucune preuve de la réalité des trajectoires d'essai du capitaine Zaharie sur son simulateur. Il pourrait en exister d'autres, hormis celles rendue « publiques » par le FBI.

Zaharie Ahmad Shah a pu utiliser son simulateur pour simuler cette trajectoire vers l'Australie et l'effacer ensuite, en laissant d'autres pour brouiller les pistes au cas où.

Il n'existe aucune preuve de la réalité des trajectoires d'essai du capitaine Zaharie sur son simulateur si ce n'est les fuites sélectives distillées par le FBI ; Il pourrait en exister d'autres, hormis celle rendue publique.

Une fois arrivé en Australie, Zaharie Ahmad Shah n'aurait certainement pas gardé les otages.

Son idée pouvait être d'attirer encore plus l'opinion mondiale sur la façon dont était traité Anwar Ibrahim. Avec une pression internationale sur Najib Abdul Razak, celui-ci aurait pu éviter la prison à Anwar Ibrahim et, surtout, lui permette de se présenter aux élections.

Le 7 mars 2014, la Cour d'appel de la Malaisie, à la demande du gouvernement, annule l'acquittement d'Anwar Ibrahim, le déclare coupable et le condamne à cinq ans d'emprisonnement

X demande à Zaharie Ahmad Shah de faire le détournement le lendemain.

C'est cela l' « intervention illégale d'un tiers »

Le 8 mars

Zaharie Ahmad Shah commande 49 100 kg de carburant pour le vol, ce qui a donné une autonomie de 7 heures et 31 minutes, réserves comprises, soit plus que le carburant supplémentaire pour le déroutement (procédure standard) vers deux aéroports –Jinan Yaoqiang et Hangzhou Xiaoshan –ce qui nécessitait que 48 000 kg (10 600 lb)

Source le Rapport d'enquête officiel.

Zaharie Ahmad Shah, juste avant le décollage de l'avion, a passé un appel téléphonique en utilisant une carte SIM payante, achetée sous une fausse identité. https://english.alarabiya.net/News/world/2014/03/23/-Fake-ID-call-made-to-Malaysia-pilot-before-take-off)

Cela n'est pas dans le rapport d'enquête officiel

Zaharie Ahmad Shah prévient X qu'il va, comme prévu, détourner le MH370 et que le chantage n'a plus de raison d'être

Et Fariq Abdul Hamid, le jeune copilote ?

Par une curieuse coïncidence, le jeune pilote qui venait tout juste d'obtenir sa qualification sur Boeing 777 et qui préparait son prochain mariage avait été interviewé quelques semaines auparavant par le journaliste de CNN Richard Quest.

Fariq Abdul Hamid, le jeune copilote, et Richard Quest

Dans l'ouvrage qu'il a consacré à la disparition du vol MH370, Quest trace le portrait d'un jeune professionnel passionné par son métier et plein d'avenir.

Pendant la première heure de vol, normale, Zaharie Ahmad Shah a eu le temps d'expliquer à Fariq Abdul Hamid le pourquoi et le comment de ce détournement.

Fariq Abdul Hamid, dont ce devait être le plus beau jour de sa vie, avant le suivant, son mariage, il a du penser que le ciel lui tombait sur la tête.

A-t-il eu même l'idée d'essayer de convaincre Zaharie Ahmad Shah de renoncer, lui jeune pilote face à un commandant de bord (commandant a un sens dans un cockpit, surtout j'imagine en Malaisie) ? Peut-être, même avait-il entendu parler d'Anwar Ibrahim et de ses procès et qu'il avait de la sympathie pour cet homme politique ?

Qui des deux est la personne qui dit un simple “Goodbye” juste avant la disparition, sans l'énoncé de l'identifiant du vol, comme il est d'usage lorsqu'un pilote prend congé d'un contrôleur avant d'en contacter un autre ?

L'absence surprenante de l'énoncé de l'identifiant du vol, c'est-à-dire MH370, est, peut-être, la preuve d'une certaine émotion avant le détournement de l'avion.

Ensuite, Fariq Abdul Hamid a du être impressionné, voire rassuré, de voir que le vol se déroulait comme prévu, sans réaction de la Défense aérienne de la Malaisie, en évitant les quelques avions venant de face et la maitrise du pilotage et de la navigation de Zaharie Ahmad Shah, avec une instrumentation réduite.

Depuis 1 heure du matin, avec l'absence de lumière et de chauffage dans la cabine, les passagers qui s'étaient endormis ont du se réveiller et le Personnel de cabine s'inquiéter.

Dans ces conditions difficiles, Fariq Abdul Hamid ne pouvait pas piloter et Zaharie Ahmad Shah ne pouvait le laisser seul dans le cockpit.

Zaharie Ahmad Shah a dû demander à Fariq Abdul Hamid d'aller dans la cabine pour essayer de rassurer les passagers et le personnel de cabine. En quelle langue ? avec des passagers capables de traduire de l'anglais au chinois ?

Puisque ce n'était pas un attentat et qu'il y avait l'espoir d'une fin heureuse, est-ce que le syndrome de Stockholm a fonctionné ?

Les passagers se sont enroulés dans leurs couvertures.

Dans la cabine, une fois hors de la vue de Zaharie Ahmad Shah, Fariq Abdul Hamid a-t-il essayé d'appeler quelqu'un ou quelqu'une, sa fiancée ?

Un signal de « bornage » a été détecté le 8 mars 2014 à 1 h 52 min 27 s (heure locale), provenant de la tour de téléphonie mobile (station de base de localisation LBS) de Bandar Baru Farlim, Penang. Cependant, aucune communication n'a été enregistrée, confirmant qu'il s'agissait bien du signal « activé ». *Le numéro de téléphone a ensuite été identifié comme celui enregistré par le copilote.*

Parmi ces chinois, suréquipés en smartphones, combien ont essayé de téléphoner ? On ne le saura jamais, car Ghyslain Wattrelos m'a dit que personne ne lui avait demandé les numéros de téléphone portable de sa femme, sa fille et son fils. Donc , aucune recherche n'a été faite vis-à-vis des opérateurs. À cette altitude-là, les chances de connexion sont faibles, mais parfois.

À 2 heures du matin, l'électricité et le chauffage revenus, avec, peut-être, des boissons chaudes, certains passagers se sont même rendormis.

En revanche, c'est au sud de Sumatra que le drame s'est noué.

Zaharie Ahmad Shah, ne pouvant plus se cacher dans du trafic civil rare à cet endroit et pour éviter de se faire repérer par la Défense aérienne indonésienne, a décidé de voler à basse altitude en dessous du cône de détection des radars militaires.

La question est de savoir pourquoi l'avion n'a pas pu atteindre Learmonth alors que cela était théoriquement possible, compte tenu de la réserve de carburant.

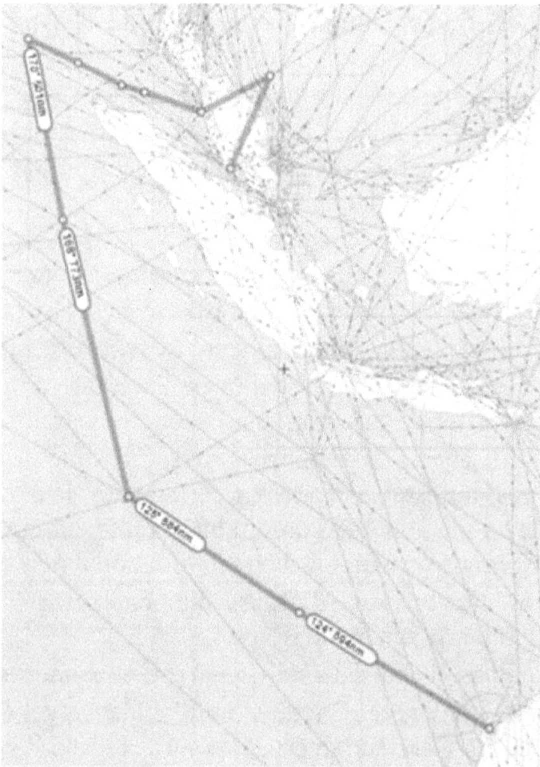

Projet de trajectoire vers l'Australie

Les causes de cet échec peuvent être :

1. La surconsommation d'un moteur, constatée pendant la première heure du vol, lorsque ces informations étaient transmises

2 Le manque de précision des instruments de mesure et de calcul du carburant restant. En avril 2014, des pilotes de B777 ont constaté une différence entre ce qu'indiquait la jauge et la quantité estimée dans le réservoir par ce qu'on appelle le système de gestion de vol (FMS)
https://aerossurance.com/safety-management/sia-b777-41t-fuel-discrepancy/

3 Une traînée supplémentaire due au déploiement du RAT.

Mais, ces explications semblent insuffisantes.

Zaharie Ahmad Shah a commis l'erreur de surestimer ses capacités à calculer la consommation de carburant à basse altitude, un hubris fréquent chez les pilotes.

Il faut, de plus, tenir compte de la personnalité du commandant Zaharie, un pilote expérimenté, fier de son métier, presque comme un devoir, respecté de ses pairs.

Ceci peut expliquer la fin malheureuse de ce détournement.

Quand Zaharie Ahmad Shah s'est-il rendu compte qu'il n'aurait pas assez de carburant pour aller en Australie ?

Pouvait-il encore se détourner vers Christmas Island, au sud de Java, ou essayer d'amerrir et, dans les deux cas, avec l'échec de sa mission, mission qui lui aurait, peut-être permis de devenir un héros national, voire international ?

D'après les travaux d'Argiris Kamoulakis, il a choisi d'amerrir et a raté son amerrissage.

Pourquoi a-t-il choisi d'amerrir et a raté son amerrissage ?

Comparé aux pilotes Chesley "Sully" Sullenberger et Jeffrey Skiles qui ont réussi leur amerrissage sur l'Hudson River

L'amerrissage de l'A32O sur l'Hudson River

- Chesley "Sully" Sullenberger et Jeffrey Skiles étaient deux anciens pilotes militaires très expérimentés (ce que n'était pas Fariq Abdul Hamid)
- l'Hudson River est, comme son nom l'indique, une rivière et pas une mer avec des vagues
- Les passagers ont pu être sauvés par toutes les embarcations qui ont été envoyées sur place... avant que l'avion coule à pic (depuis, il a été repéché et exposé dans un musée)

Si Zaharie Ahmad Shah avait réussi son amerrissage, l'avion aurait coulé sans débris et, loin de toute côte, il n'y avait pas d'espoir de secours pour les passagers.

Ceux-ci ont été noyés rapidement, un mort affreuse, surtout après avoir eu l'espoir.

Mais ce scénario me semble moins affreux que ceux que l'on peut imaginer dans le cas du suicide programmé de Zaharie Ahmad Shah, dépressurisation de la cabine ou autres scénarios que les tenants du suicide n'ont jamais osé détailler.

Personne, dont lui, ne savait qu'il y avait ces Ping de « services » et qu'Inmarsat les enregistrait.

Pour que sa mémoire ne soit pas salie par l'échec de sa mission par sa faute, il n'a pas appelé les secours, en espérant que personne ne connaitrait la vérité.

Il a pensé que X ne dirait rien non plus.

Comme le croit Ghyslain Wattrelos, mais pour d'autres raisons, puisqu'il croit à un complot international, est-ce qu'X, à l'article de la mort, racontera son projet ?

Il y a peu de chances car comment X peut-il imaginer la réelle fin ?

Un jour, avec les enjeux de l'exploration des fonds marins, l'épave sera découverte par hasard. Sera-ce la fin du mystère ? pas certain.

Tout dépend de quand aura lieu cette découverte, ou et à quelle profondeur ? de la possibilité de récupérer les boites noires, de les déchiffrer, de l'état des corps, pour savoir, par exemple qui était dans le cockpit

La découverte de l'épave sera-t-elle un apaisement pour les proches des disparus ?

Le lieu de l'épave sera-t-il un indice suffisant pour connaitre la raison de ce détournement ?

Par rapport au scénario simpliste du suicide de Zaharie Ahmad Shah, le mien relativise sa « culpabilité ».

Mais qui sont alors les coupables et les responsables ?

9. Coupables et responsables

Les coupables ?

X	Zaharie Ahmad Shah	Fariq Abdul Hamid

Photos de Zaharie Ahmad Shah et Fariq Abdul Hamid

Naturellement, le premier coupable est X qui a eu l'idée de ce détournement et a convaincu ou forcé Zaharie Ahmad Shah à le faire.

Zaharie Ahmad Shah est donc le deuxième coupable pour avoir accepté et cru pouvoir le réussir.

Quant à Fariq Abdul Hamid, il est coupable de ne pas avoir réussi, voire essayer de dissuader Zaharie Ahmad Shah.

Mais X a eu cette idée pour essayer d'empêcher une injustice et pour permettre à Anwar Ibrahim de pouvoir se présenter aux élections. C'est donc dans un but de défense de la démocratie. La fin justifie-t-elle les moyens ?

Il faut rechercher les responsabilités au-dessus, les responsabilités des responsables politiques

Les responsables ?

Anwar Ibrahim	Mahathir Mohamad	Najib Abdul Razak.

Photos de Anwar Ibrahim, Mahathir Mohamad et Najib Abdul Razak

En faisant un peu d'uchronie, tout ceci n'aurait pas eu lieu si Anwar Ibrahim n'avait pas décidé de dénoncer le système de corruption mis en place au profit d'un cercle de membres du Parti : l'Organisation nationale malaise unie (UMNO).

Plus sérieusement, la première responsabilité a été celle de Mahathir Mohamad qui a fait emprisonner Anwar Ibrahim pour essayer de l'éliminer de la vie politique .

Mahathir Mohamad n'a jamais été inquiété pour corruption car il avait pris soin d'en faire profiter assez de personnes.

La deuxième responsabilité a été celle de Najib Abdul Razak qui, à son tour, a fait emprisonner Anwar Ibrahim pour essayer de l'éliminer de la vie politique.

Najib Abdul Razak a été condamné pour corruption car il a commis l'erreur de n'en faire profiter que sa famille.

Les 239 présumés morts du MH370 sont des victimes collatérales de la corruption

Cela, malheureusement, met en lumière un phénomène endémique, auquel , même les démocraties n'échappent pas.

10. English version: A plausible comprehensive political, operational and technical scenario

Since the disappearance of MH370, there have been rumors that it was a political protest Anwar Ibrahim's latest prison sentence.

In Malaysia, many people could see, as I did, the coincidence between:

1. **On March 7, 2014**, the Malaysian Court of Appeal, at the government's request, overturned Anwar Ibrahim's acquittal, convicted him, and sentenced him to five years' imprisonment.
2. **On March 8, 2014**, flight MH370 disappeared.

But I will try to explain this coincidence and supplement it with an operational and technical scenario based on all the above.

Given the Court of Appeal's previous decisions, his supporters had reason to be concerned about a new conviction for Anwar Ibrahim, the prospect of his imprisonment, and his ban on running for office. The idea of a hostage-taking may have germinated in the mind of a very (overly) zealous supporter, even before the Court of Appeal's decision, so that she would be ready just in case.

For the rest, I'll call her: M for male

Can it be a woman? F.

In 1998, the UMNO youth wing, led by Ahmad Zahid Hamidi, a close friend of Anwar, announced that it would launch a debate on "cronyism and nepotism."

At that time, there were women in this youth wing, who promoted women's rights in this Muslim country.

Anwar Ibrahim's wife, Wan Azizah Wan Ismail, was Deputy Prime Minister under Mahathir Mohammed and founded the National Justice Party at the height of the Reformasi movement on April 4, 1999, after her husband's arrest.

Nurul Izzah Anwar, Anwar's daughter, is a member of Keadilan (PKR) and currently serves as the Member of Parliament for Permatang Pauh. She was formerly the Member of Parliament for Lembah Pantai from March 8, 2008, to May 10, 2018.

Nurul Izzah is also a passionate advocate for human and civil rights, with a particular interest in religious prisoners. She is also a Member of Parliament.

I won't go so far as to say that either of them could have been the instigator, which would be an incredible scenario, but it is possible that it was a woman.

I will therefore refer to this person as X from now on. I assume it was a single person, because a secret shared by two people is no longer a secret, and she didn't need anyone except Zaharie Ahmad Shah, whom she knew as a party member.

And, above all, X didn't warn Anwar Ibrahim so he could deny knowing.

Did she convince or coerce, with blackmail? Zaharie Ahmad Shah, a partisan but not a fanatic, to carry out this task.

Zaharie Ahmad Shah had time to prepare this trajectory to Australia and to choose flight MH370 in advance.

There is no evidence that Captain Zaharie's test trajectories on his simulator were real. There may be others, apart from those made "public" by the FBI.

Zaharie Ahmad Shah could have used his simulator to simulate this trajectory to Australia and then erased it, leaving others to cover his tracks just in case. There is no evidence of the reality of Captain Zaharie's test trajectories on his simulator other than the selective leaks distilled by the FBI; there may be others, apart from the one made public.

Once arrived in Australia, Zaharie Ahmad Shah would certainly not have kept the hostages.

His idea may have been to draw even more international attention to the way Anwar Ibrahim was being treated. With international pressure on Najib Abdul Razak, he could have spared Anwar Ibrahim a prison sentence and, more importantly, allowed him to run in the elections.

On March 7, 2014, the Malaysian Court of Appeal, at the government's request, overturned Anwar Ibrahim's acquittal, found him guilty, and sentenced him to five years in prison.

X asked Zaharie Ahmad Shah to carry out the hijacking the next day.

This is what "illegal intervention by a third party" means.

On March 8, Zaharie Ahmad Shah ordered 49,100 kg of fuel for the flight, which gave a range of 7 hours and 31 minutes, including reserves, more than the additional fuel for the diversion (standard procedure) to two airports—Jinan Yaoqiang and Hangzhou Xiaoshan—which required only 48,000 kg (10,600 lb).

Source: Official Investigation Report.

Zaharie Ahmad Shah, just before the plane took off, made a phone call using a paid SIM card, purchased under a false identity. https://english.alarabiya.net/News/world/2014/03/23/-Fake-ID-call-made-to-Malaysia-pilot-before-take-off)

This is not in the official investigation report.

Zaharie Ahmad Shah warns X that he will, as planned, hijack MH370 and that the blackmail is no longer valid.

And Fariq Abdul Hamid, the young co-pilot?

By a curious coincidence, the young pilot, who had just obtained his Boeing 777 rating and was preparing for his upcoming wedding, had been interviewed a few weeks earlier by CNN journalist Richard Quest.

In his book on the disappearance of flight MH370, Quest paints the portrait of a young professional passionate about his work and full of promise.

During the first hour of the flight, which was normal, Zaharie Ahmad Shah had time to explain to Fariq Abdul Hamid the whys and wherefores of the hijacking.

Fariq Abdul Hamid, for whom this was supposed to be the happiest day of his life, before the next one, his wedding, must have thought the sky was falling.

Did he even think to try to convince Zaharie Ahmad Shah to back out, a young pilot facing a captain (captain has a meaning in a cockpit, especially I imagine in Malaysia)? Perhaps he had even heard of Anwar Ibrahim and his trials and felt sympathy for the politician? Which of the two is the person who says a simple "Goodbye" just before the disappearance, without stating the flight identifier, as is customary when a pilot says goodbye to one controller before contacting another?

The surprising absence of the flight identifier, i.e., MH370, is perhaps evidence of some emotion before the plane's hijacking.

Fariq Abdul Hamid must have been impressed, even reassured, to see that the flight was proceeding as planned, with no reaction from the Malaysian Air Defense, avoiding the few aircraft approaching from the front, and Zaharie Ahmad Shah's piloting and navigation skills, even with limited instrumentation.

From 1 a.m., with no light or heating in the cabin, the passengers who had fallen asleep must have been waking up, and the cabin crew must have been worried.

In these difficult conditions, Fariq Abdul Hamid could not fly, and Zaharie Ahmad Shah could not leave him alone in the cockpit.

Zaharie Ahmad Shah had to ask Fariq Abdul Hamid to go into the cabin to try to reassure the passengers and cabin crew. In what language? With passengers able to translate from English to Chinese?

Since it wasn't an attack and there was hope for a happy ending, did Stockholm syndrome work? The passengers wrapped themselves in their blankets.

In the cabin, once out of sight of Zaharie Ahmad Shah, did Fariq Abdul Hamid try to call someone, or someone, his fiancée?

A "beaconing" signal was detected on March 8, 2014, at 1:52:27 a.m. (local time), coming from the mobile phone tower (LBS base station) in Bandar Baru Farlim, Penang. However, no communication was recorded, confirming that it was indeed the "activated" signal. The phone number was later identified as the one recorded by the co-pilot.

How many of these Chinese, over-equipped with smartphones, tried to make calls? We will never know, because Ghyslain Wattrelos told me that no one asked him for the cell phone numbers of his wife, daughter, and son. Therefore, no search was conducted with the operators. At that altitude, the chances of a connection are slim, but sometimes.

At 2:00 a.m., with the electricity and heating back on, and perhaps hot drinks, some passengers even went back to sleep.

However, it was in South Sumatra that the tragedy unfolded.

Zaharie Ahmad Shah, no longer able to hide in the sparse civilian traffic at that location and to avoid detection by the Indonesian Air Defense, decided to fly at low altitude below the cone of military radars.

The question is why the plane was unable to reach Learmonth when it was theoretically possible, given the fuel reserve.

The causes of this failure may be:

1. Overconsumption of an engine, observed during the first hour of the flight, when this information was being transmitted.
2. The lack of precision of the instruments used to measure and calculate the remaining fuel. In April 2014, B777 pilots noticed a discrepancy between what the

gauge indicated, and the amount estimated in the tank by what is called the Flight Management System (FMS). https://aerossurance.com/safety-management/sia-b777-41t-fuel-discrepancy/

3. Additional drag due to the deployment of the RAT.

However, these explanations seem insufficient.

Zaharie Ahmad Shah made the mistake of overestimating his ability to calculate fuel consumption at low altitude, a common hubris among pilots.

Moreover, Captain Zaharie's personality must be considered: an experienced pilot, proud of his job, almost as a duty, and respected by his peers.

This may explain the unfortunate end of this hijacking.

When did Zaharie Ahmad Shah realize he wouldn't have enough fuel to reach Australia?

Could he have diverted to Christmas Island, south of Java, or attempted to land on water, and in either case, failed in his mission, a mission that might have made him a national, or even international, hero?

According to the work of Argiris Kamoulakis, he chose to land on water and failed.

Why did he choose to land on water and fail?

Compared to pilots Chesley "Sully" Sullenberger and Jeffrey Skiles, who successfully landed on the Hudson River.

- Chesley "Sully" Sullenberger and Jeffrey Skiles were two highly experienced former military pilots (which Fariq Abdul Hamid was not)
- The Hudson River is, as its name suggests, a river and not a sea with waves
- The passengers were rescued by all the boats sent to the scene... before the plane sank (it has since been recovered and put on display in a museum)

If Zaharie Ahmad Shah had successfully landed on water, the plane would have sunk without debris, and, far from any shore, there was no hope of rescue for the passengers.

They drowned quickly, a horrible death, especially after having had hope.

But this scenario seems to me less horrific than those one might imagine in the case of Zaharie Ahmad Shah's planned suicide, cabin depressurization, or other scenarios that the suicide proponents have never dared to detail. No one, including him, knew there were these "service" Pings and that Inmarsat was recording them.

So that his memory wouldn't be tarnished by the failure of his mission through his own fault, he didn't call for help, hoping no one would know the truth.

He thought X wouldn't say anything either.

As Ghyslain Wattrelos believes, but for other reasons, since he believes in an international conspiracy, will X, on the verge of death, reveal his plan?

It's unlikely, because how can X imagine the real outcome?

One day, given the stakes involved in exploring the ocean floor, the wreck will be discovered by chance. Will this be the end of the mystery? Not certain.

It all depends on when this discovery will take place, where, and at what depth? the possibility of recovering the black boxes, deciphering them, the condition of the bodies, to know, for example, who was in the cockpit.

Will the discovery of the wreckage bring peace to the loved ones of the missing?

Will the location of the wreckage be sufficient clue to determine the reason for this hijacking?

Compared to the simplistic scenario of Zaharie Ahmad Shah's suicide, mine puts his "guilt" into perspective.

But who then are the culprits and those responsible?

11. English version: Culprit and responsible?

The culprits?

Naturally, the first culprit is X, who came up with the idea for this embezzlement and convinced or forced Zaharie Ahmad Shah to do it.

Zaharie Ahmad Shah is therefore the second culprit for having agreed to it and believing he could pull it off.

As for Fariq Abdul Hamid, he is guilty of not having succeeded, or even of trying to dissuade Zaharie Ahmad Shah.

But X came up with this idea to try to prevent injustice and to allow Anwar Ibrahim to run in the elections. It was therefore intended to defend democracy. Does the end justify the means?

We must seek responsibility above, the responsibility of the political leaders.

Those responsible?

With some uchrony, none of this would have happened if Anwar Ibrahim hadn't decided to denounce the system of corruption put in place to benefit a circle of party members: the United Malays National Organization (UMNO).

More seriously, the primary culprit was Mahathir Mohamad, who imprisoned Anwar Ibrahim in an attempt to eliminate him from political life.

Mahathir Mohamad was never prosecuted for corruption because he was careful to ensure that enough people benefited from it.

The second culprit was Najib Abdul Razak, who, in turn, imprisoned Anwar Ibrahim to eliminate him from political life.

Najib Abdul Razak was convicted of corruption because he made the mistake of only allowing his family to benefit. The 239 presumed dead on MH370 are collateral victims of corruption.

This, unfortunately, highlights an endemic phenomenon that even democracies are not immune to.

12. Remerciements

Même s'il n'est pas entièrement d'accord avec mon analyse, je remercie Michel Delarche pour sa relecture attentive et critique.

Michel Delarche, né en 1955, ENSIMAG, Docteur-Ingénieur en Informatique et Mathématiques Appliquées, a travaillé de nombreuses années dans la recherche et le développement des systèmes de gestion du trafic aérien, puis dans des activités de conseil et d'ingénierie aéronautique à l'international.

Je remercie Argiris Kamoulakos, retired Scientific Director of ESI Group, 40 years industrial experience in Numerical Analysis and Simulation in Aerospace, pour m'avoir permis de citer son étude : https://comp-as-s.com.

Table des matières

Dépôt légal novembre 2025

Librinova

www.librinova.com

www.ingramcontent.com/pod-product-compliance
Lightning Source LLC
LaVergne TN
LVHW100319210926
848480LV00003B/1189
9791040591566